园林绿化工程

工程量清单计价与实例

袁惠燕　谢兰曼　应喆　著

苏州大学出版社

图书在版编目(CIP)数据

园林绿化工程工程量清单计价与实例 / 袁惠燕，谢兰曼，应喆著. —苏州：苏州大学出版社，2017.1(2021.9重印)
ISBN 978-7-5672-2014-0

Ⅰ.①园… Ⅱ.①袁…②谢…③应… Ⅲ.①园林－绿化－工程造价 Ⅳ.①TU986.3

中国版本图书馆CIP数据核字(2016)第320416号

园林绿化工程工程量清单计价与实例
袁惠燕　谢兰曼　应　喆　著
责任编辑　周建国

苏州大学出版社出版发行
(地址：苏州市十梓街1号　邮编：215006)
广东虎彩云印刷有限公司印装
(地址：东莞市虎门镇北栅陈村工业区　邮编：523898)

开本787×1092　1/16　印张12.5　字数301千
2017年1月第1版　2021年9月第2次印刷
ISBN 978-7-5672-2014-0　定价：45.00元

苏州大学版图书若有印装错误，本社负责调换
苏州大学出版社营销部　电话：0512-65225020
苏州大学出版社网址 http://www.sudapress.com

编写说明 Introduction

本书根据《园林绿化工程工程量清单项目及计算规则(GB50858—2013)》《江苏省仿古建筑与园林工程计价表(2007)》《江苏省建设工程费用定额(2014)》进行编写。书中采用大量的园林绿化工程施工实例图,通过翔实的解题思路阐述,着重介绍了园林工程清单工程量和计价表工程量的计算方法,并结合园林工程造价的特点介绍了综合单价换算及计价程序的运用。全书内容主要包括:园林工程施工图的识读、园林综合单价的运用、园林工程计价表工程量的计算、园林工程清单工程量的计算、园林工程清单计价实例及附录等。

本书具有以下特点:

1. 在章节的编排上从园林工程施工图的识读开始,循序渐进地讲解园林工程工程量清单计价。

2. 用公式总结归纳综合单价的使用方法是编者的首创。通过公式的使用让综合单价的换算更简单方便。

3. 每一章节既有理论阐述又有实际案例,理论阐述部分简明扼要,易学易懂;工程实际案例部分有详细计算过程和文字解析。

本书可供希望进一步提升专业水平的园林建设和园林设计行业的中高层管理人员及从业人员,希望从事园林预算及园林管理工作的中等和高等院校相关专业的学生及教师,对园林预算和园林设计等工作有兴趣并有一定的相关工作经验和专业基础的社会各界人士选用。

本书在编写过程中得到了许多同行的支持与帮助,在此表示感谢。由于编者水平有限和时间仓促,书中难免有错误和不妥之处,望广大读者批评指正。

编写说明 Introduction

本书根据《园林绿化工程工程量清单项目及计算规则(GB50858—2013)》《江苏省仿古建筑与园林工程计价表(2007)》《江苏省建设工程费用定额(2014)》进行编写。书中采用大量的园林绿化工程施工实例图，通过翔实的解题思路阐述，着重介绍了园林工程清单工程量和计价表工程量的计算方法，并结合园林工程造价的特点介绍了综合单价换算及计价程序的运用。全书内容主要包括：园林工程施工图的识读、园林综合单价的运用、园林工程计价表工程量的计算、园林工程清单工程量的计算、园林工程清单计价实例及附录等。

本书具有以下特点：

1. 在章节的编排上从园林工程施工图的识读开始，循序渐进地讲解园林工程工程量清单计价。

2. 用公式总结归纳综合单价的使用方法是编者的首创。通过公式的使用让综合单价的换算更简单方便。

3. 每一章节既有理论阐述又有实际案例，理论阐述部分简明扼要，易学易懂；工程实际案例部分有详细计算过程和文字解析。

本书可供希望进一步提升专业水平的园林建设和园林设计行业的中高层管理人员及从业人员，希望从事园林预算及园林管理工作的中等和高等院校相关专业的学生及教师，对园林预算和园林设计等工作有兴趣并有一定的相关工作经验和专业基础的社会各界人士选用。

本书在编写过程中得到了许多同行的支持与帮助，在此表示感谢。由于编者水平有限和时间仓促，书中难免有错误和不妥之处，望广大读者批评指正。

目录 Contents

第一章 园林工程施工图识读

第一节　与园林造价相关的识图要点

一、投影的概念及分类

用一组假想的投射线把物体的形状投到一个平面上就可以得到一个图形，这种方法称为投影法。投影法的分类有：

1. 中心投影法

投影线由一点放射出来投射到物体上，这种作图方法称为中心投影法。

2. 平行投影法

投影线呈相互平行状投射到物体上，这种作图方法称为平行投影法。

二、三面投影图的特性

1. 不全面性

每个投影图只能反映物体两个方向的尺寸：立面图反映长度和高度；平面图反映长度和宽度；侧面图反映高度和宽度。

2. “三等关系”

长对正：立面图与平面图的长度相等；

高平齐：立面图与侧面图的高度相等；

宽相等：平面图与侧面图的宽度相等。

三、定位轴线

定位轴线用于确定墙柱在平面上的位置。一般常将墙或柱的中心线作为定位轴线。轴线编号注写在轴线端部的圆内。横向编号用阿拉伯数字从左至右编写，表示开间；纵向编号用大写字母从下至上编写，代表进深，其中字母 I、O、Z 不能作为轴线编号。

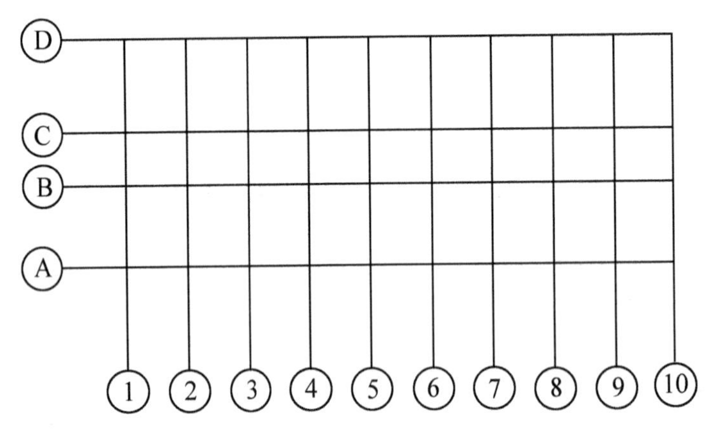

图 1-1 定位轴线

计算工程量的方法之一是按轴线编号顺序计算。这种方法一般适用于计算内外墙挖地槽、内外墙基础、内外墙砌体、内外墙装饰等工程。

另外，需要特别注意当定位轴线与中心线不重合时的情况。

四、剖面图

1. 剖面图的形成

用一个假想的平面把物体切开，移走一部分，作剩下这部分物体的正投影。

2. 剖面图的形式

(1) 全剖面图。

(2) 半剖面图。

(3) 局部剖面图。

(4) 阶梯剖面图。

3. 剖面图的标注方式

(1) 剖切线：剖切位置、剖切方向、剖面编号。

(2) 剖面图编号。

五、尺寸注法

尺寸注法由尺寸线、尺寸界限和尺寸的起止符号组成。标注的数字以毫米(即 mm)为单位，精确到个位数。如注写“1360”即表示长度为 1360mm。本书中图纸上的尺寸单位均为毫米(即 mm)。

六、标高

表示建筑物各部位高度的符号，单位为米(即 m)。

1. 绝对标高

我国以青岛黄海平均海平面为绝对标高的零点。

2. 相对标高

以建筑物室内首层地面为零点的标高。

第二节　园林小品施工图识读

一、单排柱花架

说明：柱基部分为 C15，其余部分为 C20；混凝土柱水泥砂浆抹面，刷白色涂料。

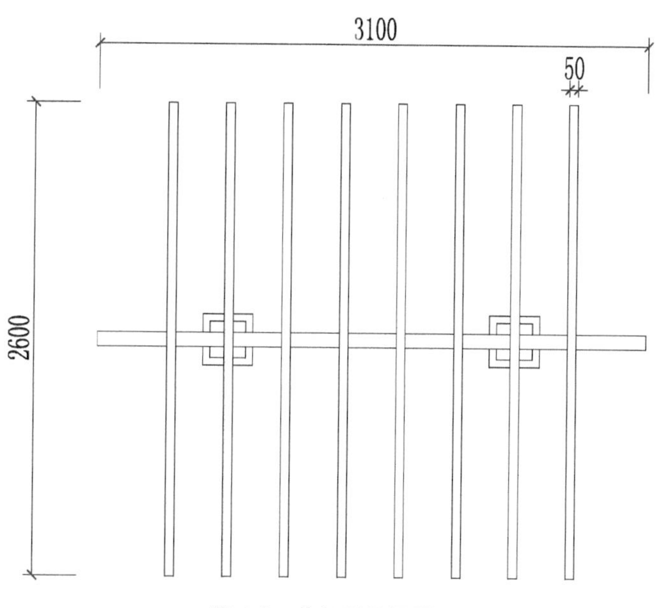

图 1-2　花架顶平面图

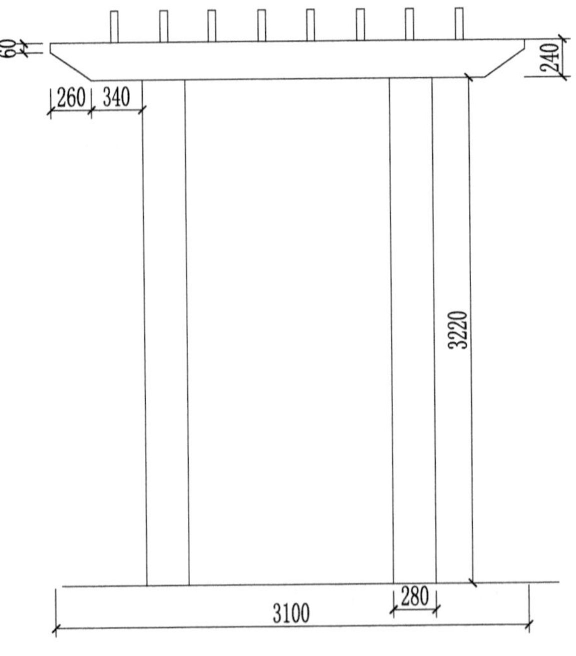

图 1-3　花架正立面图

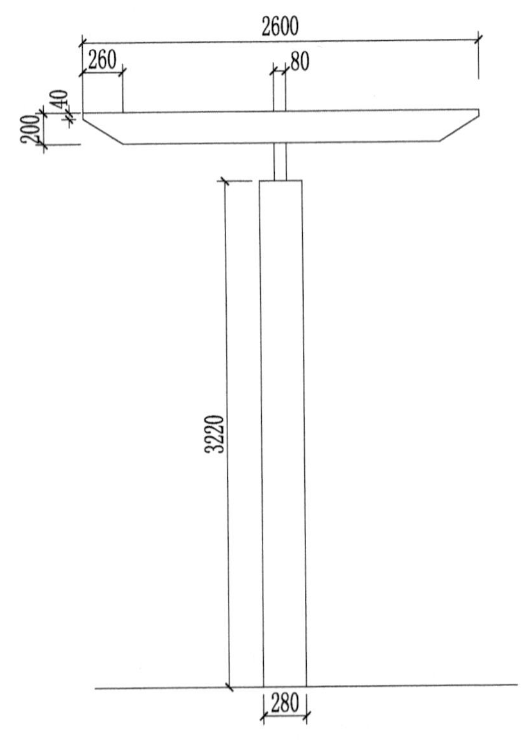

图 1-4　花架侧立面图

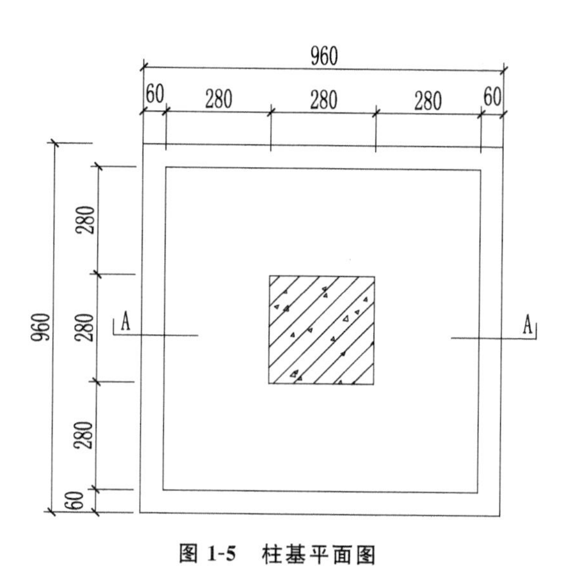

图 1-5　柱基平面图

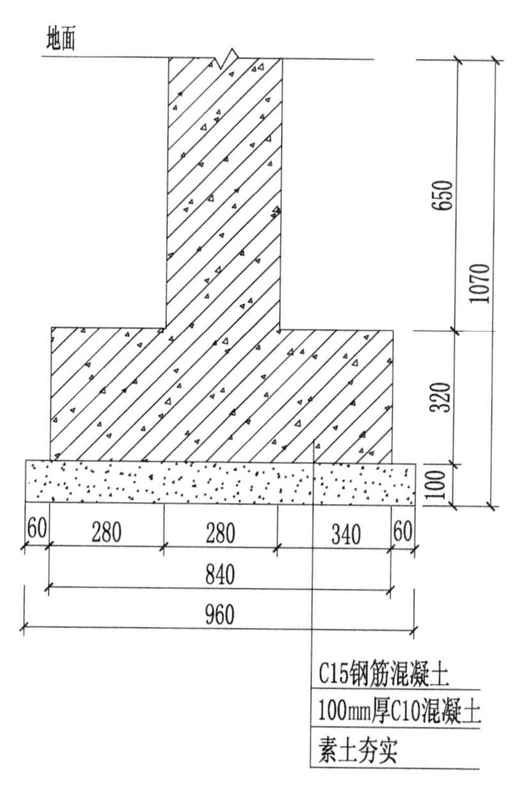

图 1-6　柱基 A-A 剖面图

读图：

从花架顶平面图上可以知道，此花架由 2 根柱子、1 根梁和 8 根花架条组成。梁长 3100mm，花架条长 2600mm。

从花架正立面图可获知的信息是梁的截面形状和尺寸、柱高及柱宽。

从花架侧立面图可获知柱另一边的尺寸，此数据与正立面图上读出的尺寸一致，柱的截面是正方形，其边长是 280mm。梁宽为 80mm，结合花架正立面图上梁的截面，就可以知道梁的三维形状和尺寸了。花架条的截面形状和尺寸也可以从这张图上获得。

柱、柱基和垫层的截面形状与尺寸可以从柱基平面图上获得。

从柱基 A-A 剖面图上的引出线可以读出柱基的做法自下而上依次是素土夯实、100mm 厚 C10 混凝土垫层、C15 钢筋混泥土柱基。但是必须注意，有关土方的相关分部分项工程在剖面图上是不标注的，包括平整场地，挖沟槽、挖基坑、挖土方，回填土，余土外运或场外取土，需要大家根据需要自行立项。

二、铁艺围墙

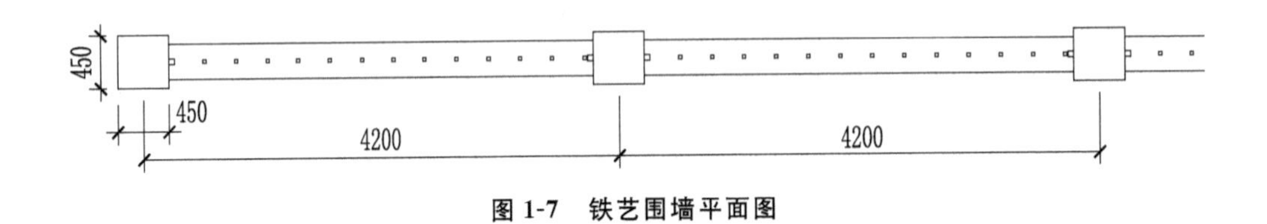

图 1-7　铁艺围墙平面图

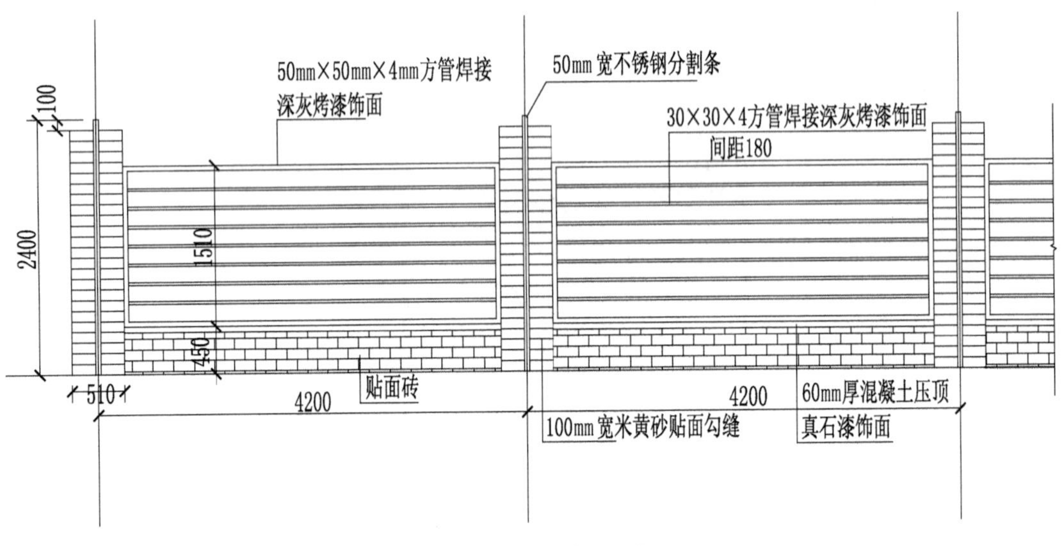

图 1-8　铁艺围墙立面图

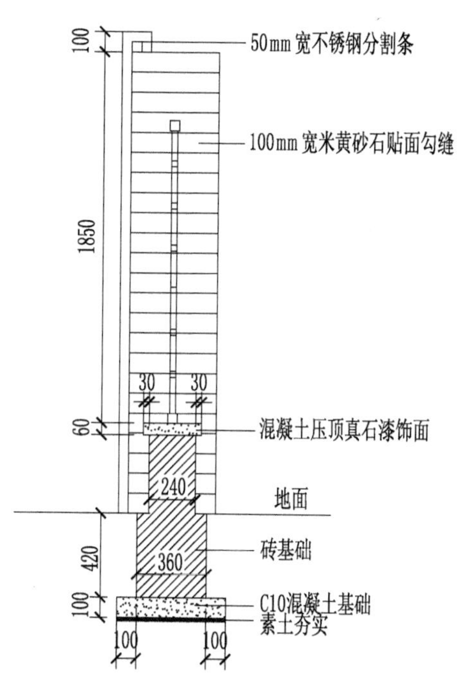

图 1-9　铁艺围墙剖面图

读图：

从铁艺围墙平面图上可以看出立柱截面尺寸为 450mm×450mm，共 3 个。围墙长 4200mm×2－4500mm×2＝7500mm。

从铁艺围墙立面图上可以读出立柱高 2400mm，柱子表面贴 100mm 米黄砂贴面勾缝。50mm 宽的不锈钢分割条高出柱子 100mm。围墙（砖墙）高 450mm，外贴面砖，上侧 60 厚混凝土压顶，并刷真石漆。围墙上部四周是 50mm × 50mm × 4mm 的方管，长度是（1510mm＋4200mm－450mm）×2×2；中间是 30mm×30mm×4mm 的方管，共 7×2＝14 根，每根长（4200mm－450mm－50mm）＝3700mm。

从铁艺围墙剖面图上可以读出垫层截面尺寸为 560mm×560mm×100mm。砖基础尺寸为 360mm×360mm×420mm。结合立面图可以算出围墙（砖墙，未计混凝土压顶）高是 450mm－60mm＝390mm，宽是 240mm，至此围墙的长、宽、高数据都已获得。压顶的截面尺寸是 300mm×60mm，压顶长与围墙一样长，也是 7500mm。50mm 宽不锈钢分割条每根长度是 2400mm＋100mm＋100mm＝2600mm，共 3 根。

第二章 综合单价运用

第一节　园林工程综合单价的使用方法

根据《建设工程工程量清单计价规范(GB50500—2013)》可知,综合单价是完成一个规定清单项目所需要的人工费、材料和工程设备费、施工机具使用费和企业管理费、利润以及一定范围内的风险费用。

《江苏省建设工程费用定额(2014)》规定,仿古建筑工程的企业管理费和利润的计算基础是人工费和施工机具使用费的合计,而园林绿化工程的企业管理费和利润的计算基础是人工费。据此,《江苏省仿古建筑与园林工程计价表(2007)》中第一册“通用项目”和第二册“营造法原作法项目”中的综合单价可以用以下公式表达:

综合单价=(人工费+施工机具使用费)×(1+管理费费率+利润率)+材料费

第三册“园林工程”中的综合单价可以用以下公式表达:

综合单价=人工费×(1+管理费费率+利润率)+施工机具使用费+材料费

一、综合单价的直接套用

当设计要求与定额项目的内容相一致时,可直接套用综合单价及工料消耗量计算该分部分项工程费以及工料需用量。

例1　子目做法:人工挖三类干土,深度1.5m

(依据《江苏省仿古建筑与园林工程计价表(2007)》)

表 2-1 人工挖土方 （计量单位：m^3）

定额编号			1－1		1－2		1－3		1－4	
项目	单位	单价	深度在 2m 以内							
			干土							
			一类土		二类土		三类土		四类土	
			数量	合计	数量	合计	数量	合计	数量	合计
综合单价		元	7.57		11.36		19.56		29.66	
其中	人工费	元	4.88		7.33		12.62		19.13	
	材料费	元								
	机械费	元								
	管理费	元	2.10		3.15		5.43		8.23	
	利润	元	0.59		0.88		1.51		2.30	
综合人工	工日	37.00	0.132	4.88	0.198	7.33	0.341	12.62	0.517	19.13

解：查“《江苏省仿古建筑与园林工程计价表(2007)》”(以下均采用该计价表，并说明综合单价的套用方法)，定额编号：1－3(见表 2-1)，人工挖 2m 以内三类干土，$1m^3$ 综合单价为 19.56 元。

从 1－3 子目中可以分析出人工费、材料费、机械费、管理费和利润。

二、预算定额的换算

1. 套用多条子目

表 2-2 人工挖土方(续表) （计量单位：m^3）

定额编号			1－11		1－12		1－13	
项目	单位	单价	挖土深度超过 2m 增加费					
			深度在 5m 以内		深度在 6m 以内		深度超过 6m 每增加 1m	
			数量	合计	数量	合计	数量	合计
综合单价		元	11.98		15.14		4.42	
其中	人工费	元	7.73		9.77		2.85	
	材料费	元						
	机械费	元						
	管理费	元	3.32		4.20		1.23	
	利润	元	0.93		1.17		0.34	
综合人工	工日	37.00	0.209	7.73	0.264	9.77	0.077	2.85

解：查“《江苏省仿古建筑与园林工程计价表(2007)》”1－12，挖土深度在 6m 以内，综合单价增加费为 15.14 元；1－13，深度超过 6m 每增加 1m 的增加费为 4.42 元，现挖土深

度为 8m，所以综合单价增加了 15.14 + 4.42 × 2 = 23.98（元）。

综上所述，人工挖 8m 深三类干土每 $1m^3$ 的综合单价为：19.56 + 23.98 = 43.54（元）。

2. 人工费或（和）机械费变化

（1）材料费不变

仿古建筑工程（即管理费和利润是以人工费和机械费之和为计费基础）：

新综合单价＝（新人工费＋（新）机械费）×（1＋管理费费率＋利润率）＋计价表材料费

园林工程（即管理费和利润是以人工费为计费基础）：

新综合单价＝新人工费×（1＋管理费费率＋利润率）＋（新）机械费＋计价表材料费

表 2-3　瓷砖　　（计量单位：表中所示）

定额编号					1-907		1-908		1-909		1-910	
项目			单位	单价	瓷砖 152×152 以内（砂浆粘贴）						瓷砖阴阳角	
					墙面、墙裙		柱、梁面		零星项目		压顶线	
					$10m^2$						10m	
					数量	合计	数量	合计	数量	合计	数量	合计
综合单价				元	588.89		651.78		747.10		52.16	
其中	人工费			元	261.07		299.70		361.86		18.65	
	材料费			元	169.71		172.72		170.97		22.85	
	机械费			元	9.37		9.37		9.84		0.26	
	管理费			元	116.29		132.90		159.83		8.13	
	利润			元	32.45		37.09		44.60		2.27	
综合人工			工日	37.00	7.056	261.07	8.10	299.70	9.78	361.86	0.504	18.65
材料	205041101	瓷砖 152×152	百块	29.00	4.48	129.92	4.55	131.95	4.55	131.95		
	205040801	阴阳角瓷片 152×40	百块	31.00							0.69	21.39
	302028	混合砂浆 1:0.1:2.5	m^3	202.46	0.061	12.35	0.061	12.35	0.061	12.35		
	302015	水泥砂浆 1:3	m^3	182.43	0.136	24.81	0.135	24.63	0.13	23.72	0.008	1.46
	302053	素水泥浆	m^3	457.23	(0.051)	(23.32)	(0.054)	(24.69)	(0.051)	(23.32)	(0.002)	(0.91)
	301030102	白水泥 80	kg	0.52	1.50	0.78	1.68	0.87	1.70	0.88		
	302055	801 胶素水泥浆	m^3	495.03	0.002	0.99	0.004	1.98	0.002	0.99		
	608014302	棉纱头	kg	5.30	0.10	0.53	0.10	0.53	0.11	0.58		
	305010101	水	m^3	4.10	0.081	0.33	0.099	0.41	0.121	0.50		
机械	06016	灰浆拌和机 200L	台班	65.18	0.08	5.21	0.08	5.21	0.08	5.21	0.004	0.26
	13090	石料切割机	台班	14.04	0.296	4.16	0.296	4.16	0.33	4.63		
措施		3.6m 内脚手材料费	元			(2.40)		(6.00)				
	13131	卷扬机带塔 1t(H=40m)	台班	116.48	(0.086)	(10.02)	(0.086)	(10.02)	(0.086)	(10.02)	(0.004)	(0.47)

例 3 子目作法：墙面砂浆粘贴 152×152 瓷砖，人工工日单价调整为 44 元/工日。

解：(7.056×44＋9.37)×(1＋43%＋12%)＋169.71＝665.45(元/10m²)。

(2) 材料费变化

仿古建筑工程(即管理费和利润是以人工费和机械费之和为计费基础)：

新综合单价＝(新人工费＋(新)机械费)×(1＋管理费费率＋利润率)＋新材料费

园林工程(即管理费和利润是以人工费为计费基础)：

新综合单价＝新人工费×(1＋管理费费率＋利润率)＋(新)机械费＋新材料费

例 4 子目做法：墙面混合砂浆粘贴 108×108 的瓷砖

解：选定额 1－907，根据备注 1，瓷砖规格为 108×108 时，人工乘以系数 1.43，瓷砖单价、数量换算，其他不变。

新人工费：261.07×1.43＝373.33(元)。

机械费不变：9.37 元。

108×108 瓷砖单价为 20.90 元/百块，数量为 $448\times(0.152+0.001)^2/(0.108+0.001)^2=883$(块)。

新材料费：169.71－129.92＋20.90×(883÷100)＝224.34(元)。

综合单价＝(373.33＋9.37)×(1＋43%＋12%)＋224.34＝817.53(元/10m²)。

3. 只材料费变化

新综合单价＝计价表综合单价－换出的材料费＋换入的材料费

例 5 子目做法：墙面素水泥浆粘贴 152×152 瓷砖的综合单价

解：选定额 1－907，根据备注 3，应扣除混合砂浆，增加括号内的素水泥浆合价。

综合单价＝588.89－12.35＋23.32＝599.86(元/10m²)。

第二节 园林定额使用说明

土石方、打桩、基础垫层工程说明

一、人工土、石方

1. 土壤划分

表 2-4 土壤种类划分

土壤类别	土壤名称	工具鉴别方法	紧固系数
一类土	1. 砂；2. 略有粘性的砂土；3. 腐殖物及种植物土；4. 泥碳	用锹或锄挖掘	0.5～0.6
二类土	1. 潮湿的粘土和黄土；2. 软的碱土或盐土；3. 含有碎石、卵石或建筑材料碎屑的堆积土和种植土	主要用锹或锄挖掘，部分用镐刨	0.61～0.8
三类土	1. 中等密实的粘性土或黄土；2. 含有卵石、碎石或建筑材料碎屑的潮湿的粘性土或黄土	主要用镐刨，少许用锹、锄挖掘	0.81～1.0
四类土	1. 坚硬的密实粘性土或黄土；2. 硬化的重盐土；3. 含有10%～30%的重量在25kg以下石块的中等密实的粘性土或黄土	全部用镐刨，少许用撬棍挖掘	1.01～1.5

2. 岩石划分

表 2-5 岩石种类划分

岩石分类	岩石特性
软石	胶结不实的砾石，各种不坚实的页岩，中等坚实的泥灰岩，软质有空隙的节理较多的石灰岩
普通石	风化的花岗岩，坚硬的石灰岩，砂岩、水成岩、砂质胶结的砾岩，坚硬的砂质岩，花岗岩与石英胶结的砂岩
坚石	高强度的石灰岩，中粒和粗粒的花岗岩，最坚硬的石英岩

3. 土的体积除定额中另有规定外，均按天然实体积计算(自然土方)，填土按夯实后的体积计算。

4. 挖土深度以设计室外标高为起点，如实际自然地面标高与设计地面标高不同时，按交付自然地坪标高调整。

5. 干土与湿土的划分应以地质勘察资料为准；如无资料则以地下水位为准，常水位以上为干土，常水位以下为湿土。采用人工降低地下水位时，干土与湿土的划分仍以常水位为准。

6. 运余土或挖堆积期在两个月以上的堆积土，除按运土方定额执行外，另增加挖一类干土的定额项目(工程量按实方计算,若为虚方则按工程量计算规则规定方法折算成实方)。取自然土回填时,按土壤类别执行挖土定额。

7. 支挡土板不论密撑、疏撑均按定额执行,实际施工中材料不同均不调整。

8. 在群桩间挖土(包括土方、槽、沟、坑),人工乘以系数1.25,工程量不扣桩体积。

二、机械土方

1. 机械土方定额是按三类土计算的。当实际土壤类别不同时,定额中机械台班量乘以下列系数:

表 2-6 定额机械台班量系数

项 目	三类土	一、二类土	四类土
推土机推方	1.00	0.84	1.18
挖掘机挖土方	1.00	0.84	1.14

2. 土方体积均按天然实体积(自然方)计算。推土机或铲运机推、铲未经压实的堆积土时,按三类土定额项目乘以系数0.73。

3. 推土机推土、铲运机运土重车上坡时,如果坡度大于5%,其运距按坡度区段斜长乘以下列系数计算:

表 2-7 坡度区段斜长系数

坡度(%)	10以内	15以内	20以内	25以内
系数	1.75	2.00	2.25	2.50

4. 机械挖土方工程量,按机械实际完成工程量计算。机械确实挖不到的地方,用人工修边坡、整平的土方工程量套用人工挖土方(最多不超过挖方量的10%)相应定额项目人工乘以系数2。机械挖土方单位工程量小于2000m^3或在桩间挖土、石方的,按相应定额乘以系数1.10。

5. 机械挖土均以天然湿度土壤为准,含水率达到或超过25%时,定额人工、机械乘以系数1.15;含水率超过40%时,定额人工、机械乘以系数1.5。

6. 本定额自卸汽车运土,对道路的类别及自卸汽车的吨位已分别进行综合计算,但未考虑自卸汽车运输过程中对道路路面清扫的因素,在施工中应根据实际情况适当增加清扫路面人工。

7. 自卸汽车运土,按正铲挖掘机挖土考虑,如系反铲挖掘机装车,则自卸汽车运土台班量乘以系数1.10。

8. 挖掘机在垫板上作业时,其人工、机械乘以系数1.25,垫板铺设所需的人工、材料、机械消耗,另行计算。

9. 推土机推土或铲运机铲土,推土区土层平均厚度小于300mm时,其推土机台班乘以系数1.25,铲运机台班乘以系数1.17。

10. 装载机装原状土,需由推土机破土时,另增加推土机推土项目。

11. 挖土定额中未包括地下水位以下的施工排水费用，如发生，依据施工组织设计规定，排水人工、机械费用应另行计算。

三、排水、降水

1. 人工土方施工排水是在人工开挖湿土、淤泥、流砂等施工过程中因地下水排放发生的机械排水台班费用。

2. 基坑排水：是指地下常水位以下、基坑底面积超过 $20m^2$（两个条件同时具备），土方开挖以后，在基础或地下室施工期间所发生的排水包干费用(不包括±0.00 以上有设计要求待框架、墙体完成以后再回填基坑土方期间的排水)。

砌筑工程说明

一、砌砖、砌块墙

1. 标准砖墙不分清水、混水墙及艺术形式复杂程度。砖过梁、砖圈梁、腰线、砖垛、砖挑沿、附墙烟囱等因素已综合在定额内，不得另立项目计算。阳台砖隔断按相应内墙定额执行。

2. 标准砖砌体如使用配砖，仍按本定额执行，不作调整。

3. 空斗墙中门窗立边、门窗过梁、窗台、墙角、檩条下、楼板下、踢脚线部分和屋檐处的实砌已包括在定额内，不得另立项目计算。空斗墙遇有实砌钢筋砖圈梁及单面附墙垛时，应另列项目按小型砌体定额执行。

4. 砌块墙、多孔砖墙中，窗台虎头砖、腰线、门窗洞边接茬用标准砖已包括在定额内。

5. 各种砖砌体的砖、砌块按下列规格编制，规格不同时，可以换算。

表 2-8 各种砖砌体规格

砖名称	长×宽×高(单位:mm)
普通粘土(标准)砖	240×115×53
八五砖	216×105×43
KP1 粘土多孔砖	240×115×90
KM1 粘土空心砖	190×190×90
加气砼块	600×240×150

6. 除标准砖墙外，其他品种砖弧形墙其弧形部分每立方米砌体按相应项目人工增加15%，砖 5%，其他不变。

7. 砌砖、块定额中已包括了门、窗框与砌体的原浆勾缝在内，砌筑砂浆强度等级按设计规定应分别套用。

8. 砖砌体内的钢筋加固及转角、内外墙的搭接钢筋以"吨"计算，按第三章的"砌体、板缝内固钢筋"定额执行。

9. 砖砌挡土墙以顶面宽度按相应墙厚内墙定额执行，顶面宽度超过 1 砖的按砖基础定额执行。

10. 小型砌体系指砖砌门蹲、房上烟囱、地垅墙、水槽、水池脚、垃圾箱、台阶面上矮墙、花台、垃圾箱、容积在 $3m^3$ 以内的水池、大小便槽(包括踏步)、阳台栏板等砌体。

11. 墙中心线处距砼(木)圆柱边 120mm 范围内的砌体为含半柱砌体。半柱砌体厚度为 1 砖厚，实际不同时可按比例调整综合单价。

二、砌石

1. 定额分为毛石、方整石砌体两种。毛石系指无规则的乱毛石，方整石系指已加工好有面、有线的商品方整石(方整石砌体不得再套打荒、錾凿、剁斧项目)。

2. 毛石、方整石零星砌体按窗台下墙相应定额执行，人工乘以系数 1.10。毛石地沟、水池按窗台石墙定额执行。毛石、方整石围墙按相应定额执行。砌筑圆弧形基础、墙(含砖、石混合砌体)，人工按相应项目乘以系数 1.10，其他不变。

砼及钢筋砼工程说明

一、本章混凝土构件分为现浇砼构件、现场预制砼构件、钢筋、预制钢筋混凝土构件安装、构件制品运输五部分。

二、混凝土石子粒径取定，有设计规定的按设计规定计算，无设计规定的按下表规定计算：

表 2-9 混凝土石子粒径

石子粒径	构件名称
5—16mm	预制板类构件、预制小型构件
5—31.5mm	现浇构件：矩形柱(构造柱除外)、圆形、多边形柱、基础梁、框架梁、单梁、异形梁、挑梁 预制构件：柱、梁
5—40mm	基础垫层、各种基础、道路、挡土墙
5—20mm	除以上构件外均用此粒径

注：本表规定也适用于其他分部。

三、毛石砼中的毛石掺量是按 15%计算的，如果设计要求不同，可按比例换算毛石、砼数量，其余不变。

四、现浇柱、墙子目已按规范规定综合考虑了底部铺垫 1∶2 水泥砂浆的用量。

五、室内净高超过 8m 的现浇柱、梁、墙、板(各种板)的人工工日分别乘以以下系数：净高在 12m 内的系数为 1.18；净高在 18m 内的系数为 1.25。

六、现场预制构件，如在加工厂制作，砼配合比按加工厂配合比计算；加工厂构件及商品砼改在现场制作，砼配合比按现场配合比计算，其工料、机械台班不调整。

七、小型混凝土构件，系指单体体积在 $0.05m^3$ 以内未列出子目的构件。

八、砼养护中的草袋子改用塑料薄膜。

九、构筑物中砼、抗渗砼已按常用的强度等级列入基价，设计与子目取定不符综合单价调整。

十、泵送砼子目中已综合考虑了输送泵车台班，布拆管及清洗人工、泵管摊销费、冲洗费。当输送高度超过30m时，输送泵车台班乘以系数1.10；输送高度超过50m时，输送泵车台班乘以系数1.25。当泵送砼价格中已包含输送泵车台班以及泵管摊销费时，应扣除定额中相应项目的费用。

十一、商品砼用量：每次$10m^3$（含$10m^3$）以内，用量乘以系数1.10；每次$5.0m^3$（含$5.0m^3$）以内，用量乘以系数1.20。

十二、钢筋以手工绑扎，部分焊接及点焊编制，实际施工与定额不符者仍执行本定额。

十三、非预应力钢筋不包含冷加工，如需进行冷拉时，冷拉费用不予增加，钢筋的延伸率也不予考虑。

十四、用盘圆加工冷拔钢丝的加工费已考虑在材料预算价格中，其冷拔钢材损耗率3%可增加在钢材供应计划内。

十五、粗钢筋接头采用电渣压力焊、套管接头、镦粗直螺纹等接头者，应分别执行钢筋接头定额。计算了钢筋接头就不能再计算钢筋搭接长度。

十六、各种钢筋、铁件损耗率如下：普通钢筋2%，铁件1%，设计图纸未注明的钢筋搭接量已包括在钢筋损耗率内。

十七、预制构件如采用蒸气养护时每立方米增加养护费64元。

十八、混凝土构件未考虑早强剂的费用，如需提高强度，掺入早强剂时，其费用另行计算。

十九、构件运输定额不分构件名称、类别，均按定额执行。运输距离应由构件堆放地（或构件加工厂）至施工现场的实际距离确定。

二十、构件吊装定额包括场内运距150米以内的运输费，如超过，按1km以内的运输定额执行，同时扣去定额中的运输费。

木作工程说明

一、门、窗制作安装

1. 本章编制了一般木门窗制作、安装及成品门框扇的安装，制作是按机械和手工操作综合编制的。

2. 本章均以一、二类木种为准，如采用三、四类木种，分别乘以以下系数：木门窗制作人工和机械费乘以系数1.30，木门、窗安装人工乘以系数1.15。

3. 本章木材小种划分如下：

表2-10 木材种类划分

类别	木材种类
一类	红松、水桐木、樟子松
二类	白松、杉木（方杉、冷杉）、杨木、铁杉、柳木
三类	青松、黄花松、秋子松、马尾松、东北榆木、柏木、苦楝木、梓木、黄菠萝、椿木、楠木（桢楠、润楠）、柚木、樟木、山毛榉、栓木、白木、芸香木、枫木
四类	栎木（柞木）、檀木、色木、槐木、荔木、麻栗木（麻栎、青刚）、桦木、荷木、水曲柳、柳桉、华北榆木、核桃楸、克隆、门格里斯

4. 木材规格是按已成型的两个切断面规格料编制的，两个切断面以前的锯缝损耗按

总说明规定应另外计算。

5. 本章中注明的木材断面或厚度均以毛料为准，如设计图纸注明的断面或厚度为净料时，应增加断面刨光损耗：一面刨光加 3mm，两面刨光加 5mm，圆木按直径增加 10mm。

6. 本章中的木材是以自然干燥条件下的木材编制的，需要烘干时，其烘干费用及损耗另外计算。

7. 本章中门、窗框扇断面除注明者外均是按苏 J73－2 常用项目的Ⅲ级断面编制的，其具体取定尺寸见下表：

表 2-11　门、窗框扇断面取定尺寸

门窗	门窗类型	边框断面(含刨光损耗)		扇立面梃断面(含刨光损耗)	
		定额取定断面(mm)	截面积(cm^2)	定额取定断面(mm)	截面积(cm^2)
门	半截玻璃门	55×100	55	50×100	50
	冒头板门	55×100	55	45×100	45
	双面胶合板门	55×100	55	38×60	22.8
	纱门			35×100	35
窗	平开窗	55×100	55	45×65	29.25
	纱窗			35×65	22.75

设计框、扇断面与定额不同时，应按比例换算。框料以边框断面为准(框裁口处如为钉条者，应加贴条断面)，扇料以立梃断面为准。换算公式如下：

(设计断面积(净料加刨光损耗)/定额断面积)×相应项目定额材积

或

(设计断面积－定额断面积)×相应项目框、扇每增减 $10cm^2$ 的材积

上式中的断面积均以 $10m^2$ 为计量单位。

当木门窗框料、扇料设计断面与定额取定断面不同时，也可以按照下表增加(或减少)定额中普通成材的数量。

表 2-12　木门窗框料、扇料增减的数量　　(计量单位：$10m^2$)

序号	项　目名　称	单位	木材断面每增减 $10cm^2$	
			框料	扇料
1	无腰单扇玻璃窗	m^3	0.065	0.062
2	有腰单扇玻璃窗	m^3	0.064	0.065
3	无腰双扇玻璃窗	m^3	0.041	0.069
4	有腰双扇玻璃窗	m^3	0.045	0.075
5	无腰多扇玻璃窗	m^3	0.034	0.071
6	有腰多扇玻璃窗	m^3	0.038	0.073
7	无腰单扇半截玻璃窗	m^3	0.030	0.050
8	无腰双扇半截玻璃窗	m^3	0.020	0.055

序号	项　目名　称	单位	木材断面每增减 $10cm^2$	
			框料	扇料
9	有腰单扇半截玻璃窗	m^3	0.033	0.048
10	有腰双扇半截玻璃窗	m^3	0.023	0.051
11	无腰单扇三冒头镶极门	m^3	0.030	0.042
12	无腰双扇三冒头镶板门	m^3	0.022	0.051
13	有腰单扇三冒头镶板门	m^3	0.033	0.041
14	有腰双扇三冒头镶板门	m^3	0.024	0.046
15	无腰单扇胶合极门	m^3	0.029	0.082
16	无腰双扇胶合板门	m^3	0.019	0.082
17	有腰单扇胶合板门	m^3	0.032	0.081
18	有腰双扇胶合板门	m^3	0.024	0.085

8. 胶合板门的基价是按四八尺(1.22mm×2.44m)编制的，剩余的边角料残值已考虑回收，如建设单位供应胶合板，按两倍门扇数量张数供应，每张裁下的边角料全部退还给建设单位(但残值回收取消)。若使用三七尺(0.91mm×2.13m)胶合板，定额基价应按括号内的含量换算，并相应扣除定额中的胶合扳边角料残值回收值。

9. 普通木门窗均包括了普通五金配件费用，但未包括装锁等特殊五金的费用，如发生时，应按本章相应定额项目套用。

10. 成品门窗价格中均已包含五金与玻璃费用，实际未包含在内时，应另行计算。

11. 如果设计门窗玻璃，品种、厚度与定额不符，单价应调整，数量不变，定额中为普通平板玻璃。

二、本定额中的木龙骨、金属龙骨是按面层龙骨的方格尺寸取定的，其龙骨、断面的取定如下：

1. 木龙骨断面搁在墙上大龙骨 50mm×70mm，中龙骨 50mm×50mm，吊在混凝土板下，大、中龙骨 50mm×40mm。

2. U 型轻钢龙骨规格尺寸的取定，见下表(单位：mm)：

表 2-13　U 型轻钢龙骨规格尺寸　(单位：mm)

类型	名称	高×宽×厚
上人型	大龙骨	60×27×1.5
	中龙骨	50×20×0.5
	小龙骨	25×20×0.5
不上人型	火龙骨	60×27×1.2
	中龙骨	50×20×0.5
	小龙骨	25×20×0.5

若设计与定额不符，应按设计的长度用量加下列损耗调整定额中的含量：

木龙骨 6%；轻钢龙骨 6%。

三、天棚的轻钢龙骨分为简单、复杂型两种：

简单型：是指每间面层在同一标高的平面上。

复杂型：是指每间面层不在同一标高的平面上，其高差在 100mm 以上（含 100mm），但必须满足不同标高的少数面积占该间面积的 15%以上。

四、天棚吊筋、龙骨与面层应分开计算，按设计套用相应定额。

本定额金属吊筋是按膨胀螺栓连接在楼板上考虑的，每副吊筋的规格、长度、配件及调整办法详见天棚吊筋子目，设计吊筋与楼板底面预埋铁件焊接时也执行本定额。吊筋子目适用于钢、木龙骨的基层。

设计小房间（厨房、厕所）内不用吊筋时，不能计算吊筋项目，并扣除相应定额中人工含量 0.67 工日/$10m^2$。

五、本定额轻钢龙骨是按双层编制的，设计为单层龙骨（大、中龙骨均在同一平面上）在套用定额时应扣除定额中的小（付）龙骨及配件，人工乘以系数 0.87。其他不变，设计小（副）龙骨用中龙骨代替时，其单价应调整。

六、胶合板面层在现场钻吸音孔时，按钻孔板部分的面积每 $10m^2$ 增加人工 0.64 工日计算。

七、木质骨架及面层的上表面，未包括刷防火漆，设计要求刷防火漆时，应按第二册第六章相应子目计算。

八、定额中构件中除注明者外，均以刨光为准，刨光损耗已包括在定额内，定额中木料为毛料。

九、定额中的木材以自然干燥为准，如需烘干时，其费用另计。

楼地面及屋面防水工程说明

一、本章中各种砼、砂浆的强度等级以及抹灰厚度，设计与定额规定不同时，可以换算。

二、本章整体面层子目中均包括基层与装饰面层。找平层砂浆设计厚度不同，按每增、减 5mm 找平调整；粘结层砂浆厚度与定额不符时，按设计厚度调整；地面防水按相应项目执行。

三、整体面层、块料面层中的楼地面项目，均不包括踢脚线工料，水泥砂浆楼梯包括踏步、踢脚板、踢脚线、平台、堵头，不包括楼梯底抹灰（楼梯底抹灰另按相应项目执行）。

四、踢脚线高度是按 150mm 编制的，如设计高度与定额高度不同时，整体面层不调整，块料面层（不包括粘贴砂浆材料）按比例调整，其他不变。

五、大理石、花岗石面层镶贴不分品种、拼色均执行相应定额。包括镶贴一道墙四周的镶边线（阴、刚角处含 45°角），设计有两条或两条以上镶边者，按相应定额子目人工乘以系数 1.10（工程量按镶边部分的工程量计算），矩形分色镶贴的小方块，仍按定额执行。

六、花岗岩、大理石板局部切除并分色镶贴成折线图案者称“简单图案镶贴”。凡市场供应的拼花石材成品铺贴，按拼花石材定额执行。

七、大理石、花岗石板镶贴及切割费用已包括在定额内，但石材磨边未包括在内。设计磨边者，按相应子目执行。

八、对花岗石地面或特殊地面要求需成品保护者，不论采用何种材料进行保护，均按相应项目执行，但必须是实际发生时才能计算。

九、楼梯、台阶不包括防滑条，设计用防滑条者，按相应定额执行。螺旋形、圆弧形楼梯贴块料面层按相应项目的人工乘以系数 1.20，块料面层材料乘以系数 1.10，其他不变。现场割锯大理石、花岗岩板材粘贴在螺旋形或圆弧形楼梯面的，按实际情况另行处理。

十、斜坡、散水、明沟按苏 J9508 图集编制，均包括挖(填)土、垫层、砌筑、抹面。采用其他图集时，材料含量可以调整，其他不变。

抹灰工程说明

一、一般规定

1. 本章按中级抹灰考虑，设计砂浆品种、饰面材料规格与定额取定不同时，应按设计调整，但人工数量不变。

2. 本章均不包括抹灰脚手架费用，脚手架费用按第七章相应子目执行。

二、柱墙面装饰

1. 在圆弧形墙面、梁面抹灰或镶贴块料面层(包括挂贴、干挂大理石、花岗岩板)，按相应定额项目人工乘以 1.18(工程量按其弧形面积计算)。块料面层中带有弧边的石材损耗，应按实调整，每 10m 弧形部分切贴人工增加 0.6 工日，合金钢切割片 0.14 片，石料切割机 0.6 台班。

2. 花岗岩、大理石块料面层均不包括刚角处磨边，设计要求磨边或墙、柱面贴石材装饰线条者，按相应章节相应项目执行。设计线条重叠数次，套相应“装饰线条”数次。

3. 外墙面窗间墙、窗下墙同时抹灰，按外墙抹灰相应子目执行，单独圈梁抹灰(包括门、窗洞口顶部)按腰线子目执行，附着在混凝土梁上的混凝土线条抹灰按混凝土装饰线条抹灰子目执行。但窗间墙单独抹灰或镶贴块料面层按相应人工乘以系数 1.15。

4. 内外墙贴面砖的规格与定额取定规格不符，数量应按下式确定：

实际数量＝[$10m^2$×(1＋相应损耗量率)]/[(砖长＋灰缝宽)×(砖宽＋灰缝厚)]

5. 大理石、花岗岩板上钻孔成槽由供应商完成的，应扣除定额人工日的 10％和定额中的其他机械费。

6. 本章混凝土墙、柱、梁面的抹灰底层已包括刷一道素水泥浆在内，设计刷两道者每增一道按本章相应项目执行。

7. 外墙内表面的抹灰按内墙面抹灰子目执行；砌块墙面的抹灰按混凝土墙面相应抹灰子目执行。

脚手架工程说明

一、本定额已按扣件钢管脚手架与竹脚手架综合编制，实际施工中不论使用何种脚手架材料，均按本定额执行。

二、本定额的脚手架高度编至20m。

三、室内净高超过3.60m，既钉间壁、面层、抹灰，又钉天棚龙骨、面层、抹灰者，脚手架应合并计算一次满堂脚手架，按满堂脚手架相应定额基价乘以系数1.2计算。

四、脚手架工程不得重复计算(如室内计算了满堂脚手架后，墙面抹灰脚手架就不再计算)。

五、砖细、石作安装如没有脚手架可利用，当安装高度超过1.50m，在3.60m以内时可按里架子计算；在3.60m以上时，按外架子计算。

六、本定额不适用于宝塔脚手，如发生则按实计算。

模板工程说明

本章分现浇构件模板、现场预制构件模板两个部分，使用时应分别套用。为便于施工企业快速报价，本定额在附录中列出了混凝土构件的模板含量表，供使用单位参考。按设计图纸计算模板接触面积或使用混凝土含模量折算模板面积，两种方法仅能使用其中一种，相互不得混用。使用含模量者，竣工结算时模板面积不得调整。

1. 现浇构件模板子目按不同构件分别编制了组合钢模板配钢支撑、复合木模板配钢支撑、木模板配木支撑，使用时，任选一种套用。

2. 现场预制构件模板子目，按不同构件，分别以组合钢模板、复合木模板、木模板同时配以标准砖底模或砼底模编制，使用其他模板时，不予换算。

3. 模板工作内容包括清理、场内运输、安装、刷隔离剂、浇灌混凝土时的模板维护、拆模、集中堆放、场外运输。木模板包括制作(预制构件包括刨光、现浇构件不包括刨光)，组合钢模板、复合木模板包括装箱。

4. 现场钢筋混凝土柱、梁、板的支模高度以净高(底层无地下室者高度需另加室内外高差)在3.6m以内为准，净高超过3.6m的构件其钢支撑、零星卡具及模板人工分别乘以下表中的系数。

表2-14 支模高度超过3.6m的构件系数

增加内容	层高			
	5m以内	8m以内	12m以内	12m以上
独立柱、梁、板钢支撑及零星卡具	1.10	1.30	1.50	2.00
框架柱(墙)、梁、板钢支撑及零星卡具	1.07	1.15	1.40	1.60
模板人工(不分框架利独立柱梁板)	1.05	1.15	1.30	1.40

注：轴线未形成封闭框架的柱、梁、板称独立柱、梁、板。

5. 支模高度净高是指

(1) 柱:无地下室底层是指设计室外地面至上层板底面、楼层板项面至上层板底面(无板时至柱顶);

(2) 梁、枋、桁:无地下室底层是指设计室外地面至上层板底面、楼层板顶面至上层板底面(无板时至梁、枋、桁顶面);

(3) 板:无地下室底层是指设计室外地面至上层板底面、楼层板顶面至上层板底面;

(4) 墙:基础板(或梁)顶面至上层板底面、楼层板顶面至上层板底面。

6. 模板项目中,仅列出周转木材而无钢支撑项目,其支撑量已含在周转木材中。

7. 模板材料已包含砂浆垫块与钢筋绑扎用的 22# 镀锌铁丝在内,现浇构件和现场预制构件不用砂浆垫块,而改用塑料卡,每 $10m^2$ 模板另加塑料卡费用每只 0.2 元,计 30 只,合计 6.00 元。

8. 有梁板中的弧形梁模板按弧形梁定额执行(含模量=肋形板含模量),其弧形板部分的模板按板定额执行。砖墙基上带形砼防潮层模板按圈梁定额执行。

9. 现浇板、楼梯,底面设计不抹灰者,增加模板缝贴胶带纸人工 0.27 工日/$10m^2$,计 9.99 元。

绿化种植说明

一、本章适用于城市公共绿地、居住区绿地、单位附属绿地、道路绿地的绿化种植和迁移树木工程。

二、本章定额适用于正常种植季节的施工。根据《江苏省城市园林绿化植物种植技术规定(试行)》〔苏建园 2000(204)号〕,落叶树木种植和挖掘应在春季解冻以后、发芽以前或在秋季落叶后、冰冻前进行;常绿树木的种植和挖掘应在春天土壤解冻以后、树木发芽以前,或在秋季新梢停止生长后、降霜以前进行。非正常种植季节施工所发生的额外费用,应另行计算。

三、本章不含胸径大于 45cm 的特大树、名贵树木、古老树木的起挖及种植。

四、本章定额由苗木起挖、苗木栽植、苗木假植、栽植技术措施、人工换土、垃圾土深埋等工程内容组成。包括:绿化种植前的准备工作,种植,绿化种植后周围 2m 内的垃圾清理,苗木种植竣工初验前的养护(即施工期养护)。不包括以下内容:

1. 种植前建筑垃圾的清除、其他障碍物的拆除。

2. 绿化围栏、花槽、花池、景观装饰、标牌等的砌筑,混凝土、金属或木结构构件及设施的安装(除支撑外)。

3. 种植苗木异地的场外运输(该部分的运输费计入苗木价)。

4. 种植成活期养护。

5. 种植土壤的消毒及土壤肥力测定费用。

6. 种植穴施基肥(复合肥)。

五、本章定额苗木起挖和种植均以一、二类土为计算标准，若遇三类土则人工乘以系数1.34，四类土人工乘以系数1.76。

六、本章施工现场范围内苗木、材料、机具的场内水平运输，均已包括在定额内，除定额规定者外，均不得调整。因场地狭窄、施工环境限制而不能直接运到施工现场，且施工组织设计要求必须进行二次运输的，另行计算。

七、本章种植工程定额子目均未包括苗木、花卉本身价值。苗木、花卉价值应根据品种的不同，按规格分别取定苗木编制期价格。苗木花卉价格均应包含苗木原价、苗木包扎费、检疫费、装卸车费、运输费(不含二次运输)及临时养护费等。

八、本章定额子目苗木含量已综合了种植损耗、场内运输损耗、成活率补损损耗，其中乔灌木土球直径在100cm以上的，损耗系数为10%；乔灌木土球直径为40—100cm的，损耗系数为5%；乔灌长土球直径在40cm以内的，损耗系数为2%；其他苗木(花卉等)的损耗系数为2%。

九、本章所述的苗木成活率指由绿化施工单位负责采购，经种植、养护后达到设计要求的成活率，定额成活率为100%(如建设单位自行采购，成活率由双方另行商定)。

十、本章种植绿篱项目分别按1株/m、2株/m、3株/m、4株/m、5株/m，花坛项目分别按6.3株/m^2、11株/m^2、25株/m^2、49株/m^2、70株/m^2进行测算。实际种植单位株数不同时，绿篱及花卉数量可以换算，人工、其他材料及机械不得调整。

十一、起挖、栽植乔木，带土球时，对土球直径大于120cm(含120cm)或裸根时胸径为15cm以上(含15cm)的截干乔木，定额人工及机械乘以系数0.8。

十二、起挖、栽植绿篱(含小灌木及地被)、露地花卉、塘植水生植物，当工程实际密度与定额不同时，苗木、花卉数量可以调整，其他不变。

十三、本章定额以原土回填为准，如需换土，按换土定额另行计算。

十四、本章栽植技术措施子目的使用，必须根据实际需要的支撑方法和材料套用相应定额子目。

十五、楼层间、阳台、露台、天台及屋顶花园的绿化，套用相应种植项目，人工乘以系数1.2，垂直运输费按施工组织设计计算。在大于30度的坡地上种植时，相应种植项目人工乘以系数1.10。

绿化养护说明

一、本章项目适用于绿化种植工程成活率养护期及日常养护期(缺陷责任期)养护，不适用于施工期养护。施工期养护已包含在绿化种植工程中，不得重复计算。

二、本章项目包括乔木、灌木、绿篱、竹类、水生植物、球型植物、露地花卉、攀缘植物、地被植物、草坪园林植物等的养护。本定额绿化养护工程工作内容及质量标准系参照《江苏省城市园林植物养护技术规范》编制，分三个养护级别编列项目，综合考虑了绿地的位置、功能、性质、植物拥有量及生长势等。

三、成活率养护期的绿化养护工程按照Ⅲ级养护标准乘以系数 1.20 执行。在成活率养护期间，若发生非发包方或自然因素造成的苗木死亡损失，由绿化养护承包方自行承担。

四、定额计算中的几点说明

1. 定额中的人工工日以综合工日表示，不分工种、技术等级，内容包括养护用工(修剪、剥芽、施肥、切边、除虫、涂白、扶正、清理死树、清除枯枝)、辅助用工(环境保洁、地勤安全、装卸废弃物)及人工幅度差等。

2. 定额的计量单位分别为株、(延长)米、丛、盆、平方米等；定额综合单价包含的连续养护时间为 12 个月(1 年)；若分月承包则按定额综合单价乘以下表中的系数计算。如果单独承包 12 月、1 月、2 月冬季三个月的养护工程，其定额综合单价须再乘以系数 0.80；若绿化种植工程成活期养护不满 1 年，可套用群级养护的定额综合单价再按养护月份数乘以系数 1.2 计算。

表 2-15　绿化养护工程合同养护周期及计算系数表

养护周期	1 个月内	2 个月内	3 个月内	4 个月内	5 个月内	6 个月内
计算系数	0.19	0.27	0.34	0.41	0.49	0.56
养护周期	7 个月内	8 个月内	9 个月内	10 个月内	11 个月内	12 个月内
计算系数	0.63	0.71	0.78	0.85	0.93	1.00

3. 双排绿篱养护按单排绿篱砌综合单价乘以系数 1.25 计算。

4. 本定额已考虑绿化养护废弃物的场外运输，运输距离在 15km 以内。

5. 定额中的露地花卉类草花种植更换按养护等级，分六次、四次、二次三类，如实际种植、更换次数有所增减，可按比例调整。

6. 定额中的露地花卉类木本花卉、球块根类花卉均含一次深翻及种植费用，如实际未发生，可参照第一章相关定额项目扣除。

7. 定额中未列入树木休眠期的施基肥工作内容，如按照苗木的生长势确需施基肥时，可参照下表中的系数计算人工工日，同时按确定的肥料种类参照市场价格计取材料费，并进行预算价格调整。

表 2-16　树木休眠期施基肥人工工日　(计量单位：工日/次・10 株)

胸径(cm)	10 以内	20 以内	30 以内	40 以内	50 以内
常绿乔木(工日)	0.111	0.148	0.222	0.444	0.667
落叶乔木(工日)	0.139	0.185	0.278	0.556	0.833
蓬径(cm)	50 以内	100 以内	150 以内	200 以内	200 以上
灌木、球(工日)	0.069	0.083	0.104	0.139	0.208

表 2-17　树木休眠期施基肥人工工日(续表)（计量单位：工日/次·10 株）

根盘直径(cm)	50 以内	100 以内	100 以上
丛生竹(工日)	0.104	0.139	0.208
胸径(cm)	5 以内	10 以内	10 以上
散生竹(工日)	0.035	0.046	0.069
地径(cm)	5 以内	10 以内	10 以上
攀缘植物(工日)	0.104	0.139	0.208

8. 定额中未列入乔木树木回缩及处理树线矛盾工作内容，如实际发生时，可参照下表中的系数计算相应的人工及机械费用。

表 2-18　乔木回缩及处理树线矛盾相应人工及机械费用

（计量单位：工日/次·10 株）

乔木胸径(cm)		10 以内	20 以内	30 以内	40 以内	50 以内
综合人工	工日		0.10	0.14	0.17	0.21
高空升降车	台班		0.10	0.14	0.17	0.21

9. 片植绿篱或花境要求切边时，按照下表中的系数增加人工工日。

表 2-19　片植绿篱或花境切边增加人工工日

（计量单位：工日/次·$10m^2$）

绿篱规格	绿篱高度(cm)				
	50 以内	100 以内	150 以内	200 以内	200 以上
综合人工(工日)	0.028	0.034	0.040	0.050	0.067

10. 本定额中的片植地被，主要是由龙柏、金边黄杨、金丝桃、天竹、红叶小檗、金叶女贞、红花檵木、栀子花等低矮灌木组成的模纹或色块，区别于片植绿篱(主要由黄杨树、珊瑚树等组成)。

11. 同一条道路的两侧绿地、隔离带绿地、行道树，如果管理等级不同，应分别套用相应的定额子目计算。

五、本定额未包括的内容

1. 苗木因大幅度调整而发生的挖掘、移植等工程内容(因疏植调整而发生的多余苗木，其产权归业主所有)。

2. 绿化围栏、花坛等设施因维护而发生的土建材料费用。

3. 因养护标准、要求提高而发生的新增苗木、花卉等材料费用。

4. 古树名木、名贵苗木、植物造形等特殊养护要求所发生的费用。

5. 高架绿化、水生植物等特殊要求而发生的用水增加费用。

若发生上述情况，经发包方同意，可套用本定额其他章节或双方协商，由合同确定。

六、本章涉及的绿化养护名词及相关规定见附录七名词解释之(二)园林绿化项目。

堆砌假山及塑假石山工程说明

一、堆砌假山包括湖石假山、黄石假山、塑假石山等，假山基础除注明者外，套用第一册相应定额。

二、砖骨架的塑假石山，如设计要求做部分钢筋混凝土骨架时，应进行换算。钢筋混凝土骨架的塑假石山未包括基础、脚手架、主骨架的工料费。

三、假山的基础和自然式驳岸下部的挡水墙，按第一册的相应项目定额执行。

园路及园桥工程说明

一、园路包括垫层、面层，垫层缺项可按第一册楼地面工程相应项目定额执行其综合人工乘以系数 1.10，块料面层中包括的砂浆结合层或铺筑用砂的数量不调整。

二、如用路面同样材料铺的路沿或路牙，其工料、机械台班费已包括在定额内，如用其他材料或预制块铺的，按相应项目定额另行计算。

三、园桥：基础、桥台、桥墩、护坡、石桥面等项目，如遇缺项可分别按第一册的相应项目定额执行，其合计工日乘以系数 1.25，其他不变。

园林小品工程说明

一、园林小品是指公共场所及园林建设中的工艺点缀品，艺术性较强。它包括堆塑装饰和人造自然树木。

二、堆塑树木均按一般造型考虑，若为艺术造型（如树枝、老松皮、寄生等），则另行计算。

三、黄竹、金丝竹、松棍每条长度不足 1.5m 者，合计工日乘以系数 1.5，若骨料不同也可换算。

四、堆塑装饰定额子目中直径规格不同的具体调整办法：同一子目按相邻直径的步距规格为调整依据。其工、料、机费也按同一子目相邻差值递增或递减。

第三节　综合单价换算实例讲解

要想学会使用综合单价，首先要熟悉有哪些综合单价，这就要求我们多翻看《计价表》，根据子目作法从计价表中找到定额，然后再看这条定额所在页最下面的备注以及所在章节的定额说明，按照规定来换算综合单价。

例 1　子目做法：人工挖 1.5m 深二类干土

说明：先分析子目关键词是人工挖土方，那就应该找人工挖土方的相关定额，再根据土壤类别和挖土深度继续细分。《计价表》中凡注有"×××以内"均包括"×××"本身,"×××以上"或"×××以外"均不包括"×××"本身。本子目挖土深度1.5m,在2m以内,故选用1—2定额。子目作法与定额工作内容完全一致,直接套用就可以了。综合单价=11.36(元/m^3)

下面根据提供的子目名称及做法,按《江苏省仿古建筑与园林工程计价表(2007)》所列子目的计价表编号和综合单价来进行换算,其他未说明的,按计价表执行。人工、材料、机械单价和管理费费率、利润费率按计价表子目不做调整,项目未注明者均位于标高20m以下,砼未注明的均为非泵送现场自拌砼。

例2 子目做法:人工挖2.5m深二类干土

说明:挖土深度2.5m,大于2m而小于3m,故要增加《计价表》1—9定额。

定额编号:1—2+1—9

综合单价=11.36+5.67=17.03(元/m^3)

例3 子目做法:人工挖10m深二类干土

说明:还是人工挖二类干土,但是挖土深度是10m,1—12定额是挖土深度在6m以内的增加费,定额1—13是超过6m每增加1m的增加费,10米比6m还要深4m,故还要增加4个1—13。

定额编号:1—2+1—6+4×1—13

综合单价=11.36+15.14+4×4.42=44.18(元/m^3)

通过以上三个例子,我们可以总结出一个通用的公式:

人工挖二类干土:$2<H\leqslant3$,1—2+1—9

$3<H\leqslant4$,1—2+1—10

$4<H\leqslant5$,1—2+1—11

$5<H\leqslant6$,1—2+1—12

$6<H\leqslant X$,1—2+1—12+(X−6)×1—13

例4 子目做法:人工挑抬淤泥,运距180m

说明:定额1—86是指人工挑抬淤泥在20m以内,现子目运距是180m,扣掉1—86的20m还余160m,故要增加8个1—89。1—89是指总运距扣掉20m以后,每增加1个20m运距需要增加的综合单价。所以人工挑抬淤泥,运距L(≤200m)时,可用1—86+(L−20)/20×1—89换算综合单价。此方法同样适用于人工挑抬土和石(渣)。

定额编号:1—86+8×1—89

综合单价= 23.35+8×4.54=59.67(元/m^3)

例5 子目做法:双轮车运土,运距350m

说明:定额1—92是指单轮车运淤泥在50m以内,现子目运距是350m,扣掉1—92的

50m 还余 300m，故要增加 6 个 1—95。1—95 是指总运距扣掉 50m 以后，每增加 1 个 50m 运距需要增加的综合单价。所以单(双)轮车运土，运距 L(≤500m)时，可用 1—92 + (L − 50)/50 × 1—95 换算综合单价。此方法同样适用于单(双)轮车运淤泥和石(渣)。

定额编号：1—92 + 6 × 1—95

综合单价 = 11.98 + 6 × 2.28 = 25.66(元/m^3)

例 6 子目做法：推挖掘机(斗容 $1m^3$ 以内)挖四类土，正铲装车

说明：此子目是机械土方，再根据定额说明"机械土方定额是按三类土计算的；如实际土壤类别不同时，定额中机械台班量乘以下系数"来换算综合单价。

表 2-20 机械台班系数

项　目	三类土	一、二类土	四类土
推土机推方	1.00	0.84	1.18
挖掘机挖土方	1.00	0.84	1.14

定额编号：1—143 换

综合单价 = 4031.80 × 1.14 = 4592.25(元/1000m^3)

例 7 子目做法：推土机(75kw 以内)推二类土，推距 45m

说明：本子目中是二类土，所以机械台班量乘以系数 0.84。

定额编号：1—134 换

综合单价 = (244.20 + 4485.12 × 0.84) × (1 + 0.43 + 0.12) = 6218.14 元/1000m^3

例 8 子目做法：推土机(75kW 以内)推二类土，重车上坡，坡度 18%，坡长 20m

说明：推土机推土、铲运机运土为重车上坡时，如果坡度大于 5%，其运距按坡度区段斜长乘以下列系数计算。

表 2-21 坡度区段斜长系数

坡度(%)	10 以内	15 以内	20 以内	25 以内
系数	1.75	2.00	2.25	2.50

本子目中坡度 18%，重车上坡，推距 = 坡长 20m × 2.25 = 45m，所以按照推距 45m 算定额。

定额编号：1 − 134 换

综合单价 = (244.20 + 4485.12 × 0.84) × (1 + 0.43 + 0.12) = 6218.14(元/1000m^3)

例 9 子目做法：自卸汽车运土，运距 50km，反铲挖掘机装车

说明：自卸汽车运土，按正铲挖掘机挖土考虑；如系反铲挖掘机装车，则自卸汽车运土台班量乘以系数 1.10。其中定额 1—160 的机械有两种类型：自卸汽车和洒水车，所以只有自卸汽车运土台班乘以系数 1.10，洒水车不变。

定额编号：(1—160 + 4 × 1—161)换

综合单价 = ((55742.68 + 4 × 10159.36) × 1.10 + 207.92) × (1 + 43% + 12%) + 35.26 = 164685.64(元/1000m^3)

例 10 子目做法:八五砖砌筑圆弧形 1/2 砖围墙,木筋加固

说明:围墙按外墙定额执行。半砖墙若用木筋加固,每立方米增加枋材 0.05m³,从计价表下册附录 6《材料预算价格取定表》中找到枋材的单价 2700 元/m³。砌弧形墙其弧形部分每立方米增加人工 15%、砖 5%。人工费变,材料费也变。

定额编号:1—202 换

综合单价 = (88.80 × (1 + 15%) + 3.85) × (1 + 43% + 12%) + 187.47 + 156.2 × 5% + 0.05 × 2700 = 494.53(元/m³)

例 11 子目做法:水泥砂浆 M7.5 砌筑 1 砖标准砖外墙

说明:1—205 用的是 M5 混合砂浆,而子目做法是 M7.5 水泥砂浆,所以要换配比。

综合单价=计价表综合单价－换出材料费＋换入材料单价×计价表上换出材料数量

从下册附录三《砼、砂浆配合比表》中找到 M7.5 水泥砂浆单价 126.9 元/m³,数量还是 M5 混合砂浆的数量 0.24m³。

定额编号:1—205 换

综合单价 = 294.12 − 31.21 + 126.90 × 0.24 = 293.37(元/m³)

例 12 子目做法:3/2 砖 KP1 含半柱砌体

说明:半柱砌体厚度为一砖厚,若实际不同,则可按比例调整综合单价。

定额编号:1—236 换

综合单价 = 156.27 × 1.5 = 234.41(元/m³)

例 13 子目做法:水泥砂浆 M10 砌筑标准砖圆形花池

说明:花池属于小型砖砌体,选择 1—238 定额,1—238 用的是 M5 混合砂浆,而子目做法是 M10 水泥砂浆,所以需要换配比。

综合单价=计价表综合单价－换出材料费＋换入材料单价×计价表上换出材料数量

从下册附录三《砼、砂浆配合比表》中找到 M7.5 水泥砂浆单价 135.90 元/m³,数量还是 M5 混合砂浆的数量 0.213m³。

定额编号:1—238 换

综合单价 = 344.58 − 27.70 + 135.90 × 0.213 = 345.83 元/m³

例 14 子目做法:毛石砌筑弧形双面清水墙

说明:毛石砌筑墙用 1—254,石墙按单面清水考虑,双面清水人工乘以系数 1.24,弧形墙的弧形部分每立方米砌体增加 0.15 工日,人工费变化。

定额编号:1—254 换,综合单价 = ((2.27 + 0.15) × 37 × 1.24 + 5.08) × (1 + 43% + 12%) + 100.07 = 280.04(元/m³)

例 15 子目做法:1:2.5 防水砂浆墙基防潮层

说明:1—248 用的是 1:2防水砂浆,而子目做法是 1:2.5 防水砂浆,所以要换配比。

综合单价=计价表综合单价－换出材料费＋换入材料单价×计价表上换出材料数量

从下册附录三《砼、砂浆配合比表》中找到 1∶2.5 防水砂浆单价 244.27 元/m^3，数量还是 1∶2 防水砂浆的数量 0.21m^3。

定额编号：1—248 换

综合单价 = 107.61 − 55.46 + 244.27 × 0.21 = 103.45(元/10m^2)

例 16 子目做法：C25P12 抗渗砼(碎石最大粒径 40mm)墙基防潮层

说明：1—249 用的是 C20P10 抗渗砼 20mm^3 2.5，而子目做法是 C25P12 抗渗砼(碎石最大粒径 40mm)，所以要换配比。

综合单价＝计价表综合单价－换出材料费＋换入材料单价×计价表上换出材料数量

从下册附录三《砼、砂浆配合比表》中找到 C25P12 抗渗砼(碎石最大粒径 40mm)单价 194.32 元/m^3，数量还是 C20P10 抗渗砼 20mm^3 2.5 的数量 0.61m^3。

定额编号：1—249 换

综合单价 = 188.51 − 116.42 + 194.32 × 0.61 = 190.63(元/10m^2)

例 17 子目做法：现浇圆形柱，柱高 11m，层高 35m，C30 商品砼泵送

说明：现浇泵送圆形柱，选用 1—283，本定额使用的是 C25 泵送商品砼，子目要求用 C30 泵送商品砼，所以要换配比，下册附录六《材料预算价格取定表》中找到 C30 泵送商品砼单价 260 元/m^3，数量 0.99。室内净高超过 8m 的现浇柱、梁、墙、板(各种板)的人工工日分别乘以以下系数：净高在 12m 内 1.18；净高在 18m 内 1.25。当输送高度超过 30m 时，输送泵车台班乘以 1.10。

定额编号：1—283 换

综合单价 = (35.96 × 1.18 + 21.50 + 19.37 × 0.1) × (1 + 43% + 12%) + 259.81 − 247.50 + 260.00 × 0.99 = 371.81(元/m^3)

例 18 子目做法：有腰单扇玻璃窗框制作，需装纱窗扇

说明：1—577 备注窗框料含量是以 55mm × 100mm 确定的，若要装纱窗扇，则框料断面为 55mm × 120mm，双截口，人工增加 0.348，普通成材增加 0.071m^3。

定额编号：1—577 换

综合单价 = ((2.82 + 0.348) × 37 + 17.36) × (1 + 43% + 12%) + 627.68 + 0.071 × 1599.00 = 949.80(元/10m^2)

例 19 子目做法：无腰单扇半截玻璃门框制作，双截口，断面 75cm^2

说明：1—601，门框制作为单截口，断面以 55cm^2 为准。如果做双截口，每 10m^2 增加制作人工 0.19 工日。如果设计断面不同，制作成材按比例调整。

定额编号：1—601 换

综合单价 = [(1.02 + 0.19) × 37 + 5.49] × (1 + 43% + 12%) + 321.58 − 265.43 + 265.43 × 75/55 = 496.00(元/10m^2)

例 20 子目做法：现浇板下木方格吊天棚，龙骨断面 30mm × 40mm，方格尺寸按

150mm×150mm

说明：1—680 方格龙骨断面按 35mm×45mm 考虑，方格尺寸按 200mm×200mm 计算。设计断面与定额不符，按比例调整。龙骨用量与断面成正比，与方格尺寸成反比。

新龙骨用量=原龙骨用量×新龙骨断面×原方格尺寸/(原龙骨断面×新方格尺寸)

定额编号：1—680 换

综合单价 = 537. 66 − 313. 40 + 313. 40 × 30 × 40 × 200 × 200/(35 × 45 × 150 × 150) = 648. 76(元/10m^2)

例 21 子目做法：无腰单扇胶合板门门扇制作，910mm×2130mm 三合板

说明：1—634 若使用三七尺(0. 91m×2. 13m)胶合板，定额基价应按括号内的含量换算，并相应扣除定额中的胶合扳边角料残值回收值。

定额编号：1—634 换

综合单价 = 952. 72 − 414. 06 + 204. 51 + 22. 48 = 765. 65(元/10m^2)

例 22 子目做法：碎石干铺垫层，需灌 M5 水泥砂浆

说明：设计碎石干铺需灌砂浆时，另增人工 0. 25 工日，砂浆 0. 32m^3，水 0. 3m^3，灰浆拌合机 200L 0. 064 台班，同时扣除定额中碎石(粒径 5mm—16mm)0. 12t，碎石(粒径 5mm—40mm)0. 04t。查下册附录三《砼、砂浆配合比表》M5 水泥砂浆基价 125. 10 元/m^3，查下册附录六《材料预算价格取定表》水单价 4. 10 元/m^3，查下册附录二《施工机械预算价格取定表》灰浆拌合机 200L 单价 65. 18 元/台班。

定额编号：1—750 换

综合单价 = [(0. 672 + 0. 25)×37 + 1. 93 + 0. 064×65. 18]×(1 + 43% + 12%) + 64. 01 − 31. 50×0. 12 − 0. 04×36. 5 + 0. 32×125. 10 + 0. 3×4. 1 = 162. 37(元/ m^3)

例 23 子目做法：花岗岩地面上 120mm 高水泥砂浆踢脚线

说明：踢脚线高度是按 150mm 编制的，如果设计高度与定额高度不同，则整体面层不调整，块料面层(不包括粘贴砂浆材料)按比例调整，其他不变。本子目是花岗岩地面，属于块料面层，所以要按照比例调整花岗岩。

定额编号：1—781 换

综合单价 = 448. 45 − 382. 50 + 382. 50×120/150 = 371. 95(元/10m)

例 24 子目做法：斩假石墙面不分格

说明：1—877 斩假石墙面以分格为准，如不分格，人工乘以系数 0. 75，并取消普通成材用量。

定额编号：1—877 换

综合单价 = (352. 98×0. 75 + 3. 52)×(1 + 43% + 12%) + 64. 06 − 3. 2 = 476. 66(元/10m^2)

例 25 子目做法：圆形伞亭柱支复合木模板，柱下部直径 500mm，上部直径 300mm

说明：有收势圆柱模板，人工、铁钉乘以系数 1. 75，周转木材乘以系数 1. 2，木工圆锯机

直径500mm乘以系数1.2

定额编号:1—967换

综合单价=(217.12×1.75+7.48×0.2+30.18)×(1+43%+12%)+263.74+9.23×0.75+232.17×0.2=955.13(元/10m²)

例26 子目做法:三类土起挖胸径12cm的香樟(带土球)

说明:土球直径按乔木胸径的8倍取定,即12cm×8=96cm。本章定额苗木起挖和种植均以一、二类土为计算标准,若遇三类土人工则乘以系数1.34,四类土人工乘以系数1.76。

定额编号:3—8换

综合单价=432.90×1.34×(1+0.18+0.14)+38.00+82.27=885.98/10株

例27 子目做法:栽植红花继木,修剪高度40cm,36株/m²,单价5元/株

说明:所有栽植定额都没包括苗木的费用。

定额编号:3—167换

综合单价=42.45+10.2×36×5=1878.45(元/10m²)

例28 子目做法:二级养护双排金叶女贞,高度70cm,养护期6个月

说明:双排绿篱养护按单排绿篱项目综合单价乘以系数1.25计算。定额综合单价包含的连续养护时间为12个月(1年);若分月承包则按定额综合单价乘以下表中的系数计算。

表2-22 绿化养护工程合同养护周期及计算系数表

养护周期	1个月内	2个月内	3个月内	4个月内	5个月内	6个月内
计算系数	0.19	0.27	0.34	0.41	0.49	0.56
养护周期	7个月内	8个月内	9个月内	10个月内	11个月内	12个月内
计算系数	0.63	0.71	0.78	0.85	0.93	1.00

定额编号:3—377换

综合单价=24.30×1.25×0.56=17.01(元/10m)

例29 子目做法:干硬性水泥砂浆铺筑高强度透水型砼路面砖(200×100×60)

说明:高强度透水型砼路面砖如用砂浆铺,人工乘以系数1.3,增加砂浆及拌合机台班,扣中砂数量。

定额编号:3—514换

综合单价=69.93×1.3×(1+0.18+0.14)+11.20+7.89+418.58+50.64−14.24=594.07(元/10m²)

例30 子目做法:塑黄竹,直径15cm,每根长度1.3m

说明:黄竹、金丝竹、松棍每条长度不足1.5米者,合计工日乘以系数1.5。若骨料不同也可以换算。

定额编号:3—549换

综合单价=410.70×1.5×(1+0.18+0.14)+4.24+378.27=1195.70(元/10m)

第三章 园林工程量计算

第一节 计价表工程量计算规则

土石方工程量计算规则

一、人工土方、石方

1. 在计算土、石工程量之前，应确定下列各项资料：

(1) 土壤及岩石类别的确定。土壤及岩石类别的划分，应依工程勘察资料与前面所述“土壤及岩石的划分”对照后确定。

(2) 地下水位标高。

(3) 土方、沟槽基坑(填)起止标高、施工方法及运距。

(4) 岩石开凿、爆破方法、石渣清运方法及运距。

(5) 其他有关资料。

2. 一般规则

(1) 土方体积，以挖凿前的天然密实体积(m^3)为准，若以虚方计算，则按下表进行折算。

表 3-1 土方体积折算表

虚方体积	天然密实体积	夯实后体积	松填体积
1.00	0.77	0.67	0.83
1.20	0.92	0.80	1.00
1.30	1.00	0.87	1.08
1.50	1.15	1.00	1.25

(2) 挖土一律以设计室外地坪高为起点，深度按图示尺寸计算。

(3) 按不同的土壤类别、挖土深度、干湿土分别计算工程量。

(4) 在同一槽、坑或沟内有干、湿土时应分别计算，但使用定额时，按槽、坑或沟的全深计算。

3. 平整场地工程量按下列规定计算：

(1) 平整场地是指建筑物场地挖、填土方厚度在±300mm内找平。

(2) 平整场地是按建筑物外墙外边线长每边各加2m以平方米计算。

4. 沟槽、基坑土方工程量按下列规定计算：

(1) 沟槽、基坑划分

凡沟槽底宽在3m以内、沟槽底长大于3倍槽底宽者为沟槽。

凡土方基坑底面积在$20m^2$以内的为基坑。

凡沟槽底宽在3m以上，基坑底面积在$20m^2$以上，平整场地挖填方厚度在300mm以上，均按挖土方计算。

(2) 沟槽工程量按沟槽长度乘以沟槽截面积以平方米计算。

沟槽长度(m)：外墙按图示基础中心线长度计算；内墙按图示基础底宽加工作面宽度之间净长度计算。

沟槽宽(m)：按设计宽度加基础施工所需工作面宽度计算。突出墙面的附墙烟囱、垛等体积并入沟槽土方工程量内。

(3) 挖沟槽、基坑、土方需放坡时，以施工组织设计规定计算，施工组织设计无说明时，放坡高度、比例按下表计算：

表3-2 放坡高度、比例确定表

土壤类别	放坡深度规定(m)	高与宽之比		
		人工挖土	机械挖土	
			坑内作业	坑上作业
一、二类土	超过1.20	1:0.5	1:0.33	1:0.75
三类土	超过1.50	1:0.33	1:0.25	1:0.67
四类土	超过2.0	1:0.25	1:0.10	1:0.33

注：①沟槽、基坑中土壤类别不同时，按其土壤类别、放坡比例以不同土壤厚度分别计算。②计算放坡工程量时交接处的重复工程量不扣除，符合放坡规定时才能放坡，放坡高度应自垫层下表面至设计室外地坪标高计算。

(4) 基础施工所需工作面宽度按下表规定计算：

表3-3 基础施工所需工作面宽度表

基础材料	每边各增加工作面宽度(mm)
砖基础	底下一层放大脚边至地槽(坑)边200
浆砌毛石、条石基础	以基础边至地槽(坑)边150
砼基础支模板	以基础边至地槽(坑)边300
基础垂直面做防水层	以防水层面的外表至地槽(坑)边800

(5) 沟槽、基坑需支挡土板时，挡土板面积按槽、坑边实际支挡板面积(即每块挡板的最长边乘以挡土板的最宽边)计算。

5. 回填土区分夯填、松土以立方米计算。

(1) 基槽、坑回填土体积计算公式:

基槽、坑回填土体积=挖土体积-设计室外地坪以下埋设的体积

其中设计室外地坪以下埋设的体积包括基础垫层、柱、墙基础及柱等。

(2) 室内回填土体积按主墙间净面积乘以填土厚度计算,不扣除垛及附墙、烟囱等体积。

6. 余土外运、缺土内运工程量按以下公式计算。

运土工程量=挖土工程量-回填土工程量

正值为余土外运,负值为缺土内运。

二、机械土、石方

1. 机械土、石方运距按下列规定计算:

(1) 推土机推距:按挖方区重心至回填区重心之间的直线距离计算;

(2) 自卸汽车运距:按挖方区中心至回填土区(或堆放地点)中心之间的最短距离计算。

三、基础垫层按图示尺寸以立方米计算

外墙按外墙中心线长度计算,内墙按垫层净长度计算。

四、打桩、轧桩石

1. 石桩(石丁)的体积按全长(包括桩尖长度)乘以截面面积计算,在编制工程预算时,可暂按基槽(坑)面积 2.5 根/m^2 计算,竣工结算按实调整。圆木桩的体积按全长(包括桩尖长度)乘以截面面积计算,圆木按木材材积表计算。

2. 打嵌桩石(夯块石)按图示打入数量以立方米计算,在编制工程预算时,嵌桩石数量可暂按基槽(坑)底面积乘以块石厚度再乘以 60%计算(块石厚度按 0.2m 计算),基槽(坑)单纯打块石数量可暂按基槽(坑)底面积乘以块石厚度再乘以 75%计算(块石厚度按 0.2m 计算)。以上夯块石竣工结算按实调整。

3. 滤层布与无纺布按图示铺设尺寸以平方米计算。

五、排水、降水

1. 人工土方施工排水不分土壤类别、挖土深度,按挖湿土工程量以立方米计算。

2. 人工挖淤泥、流沙施工排水按挖淤泥、流沙工程量以立方米计算。

3. 基坑、地下室排水按土方基坑的底面积以平方米计算。

六、围堰

1. 土围堰按所围的周长延长米计算。

2. 草袋围堰按立方米计算。

砌筑工程量计算规则

一、砌筑墙体工程量一般规则

1. 计算墙体工程量时，应扣除门窗洞口、过人洞、空圈、嵌入墙身的钢筋砼柱、梁、过梁、圈梁、挑梁、砼墙基防潮层和暖气包、壁龛的体积，不扣除梁头、梁垫、外墙预制板头、檩条头、垫木、木楞头、沿椽木、木砖、门窗走头、砖砌体内的加固钢筋、木筋、铁件、钢管及每个面积在 0.3m² 以下的孔洞等所占的体积。凸出墙面的窗台虎头砖、压顶线、山墙泛水槽、烟囱根、门窗套及三砖内的腰线、挑檐等体积亦不增加。

2. 附墙砖垛、三皮砖以上的腰线、挑檐等体积，并入墙身体积内计算。

3. 附墙烟囱、通风道、垃圾道等按其外形体积，并入所依附的墙体体积内合并计算，不扣除每个横截面在 0.1 m² 以内的孔洞体积。

4. 弧形墙按其弧形墙中心线部分的体积计算。

二、墙体厚度按如下规定计算

表 3-4 标准砖及八五砖计算厚度按下表计算

砖墙计算厚度(mm)	1/4	1/2	3/4	1	3/2	2
标准砖	53	115	178	240	365	490
八五砖	43	105	158	216	331	442

三、基础与墙身的划分

1. 砖墙

(1) 基础与墙身使用同一种材料时，以设计室内地坪(有地下室者以地下室设计室内地坪)为界，以下为基础，以上为墙身。

(2) 基础、墙身使用不同材料时，位于设计室内地坪±300mm 以内，以不同材料为分界线；超过±300mm 者，以设计室内地坪分界。

2. 石墙：外墙以设计室外地坪、内墙以设计室内地坪为界，以下为基础，以上为墙身。

3. 砖石围墙：以设计室外地坪为分界，以下为基础，以上为墙身。

4. 台明墙：按墙身计算。

四、砖石基础长度的确定

1. 外墙墙基按外墙中心线长度计算。

2. 内墙墙基按内墙基最上一步净长度计算。基础大放脚 T 形接头处重叠部分以及嵌入基础钢筋，铁件、管道、基础防水砂浆防潮层、通过基础单个面积在 0.3m² 以内孔洞所占的体积不扣除，靠墙暖气沟的挑檐亦不增加。附墙垛基础宽出部分体积，并入所依附的基础工程量内。

五、墙身长度的确定

外墙按外墙中心线计算，内墙按内墙净长线计算。

六、墙身高度的确定

如果墙身高度在设计时有明确高度以设计高度计算，未明确时则按下列规定计算：

1. 外墙

坡(斜)屋面无檐口天棚者，算至墙中心线屋面板底；无屋面板者，算至椽子顶面；有屋架且室内均有天棚者，算至屋架下弦底面另加200mm；无天棚，算至屋架下弦底面另加300mm；有现浇钢铝平板楼层者，应算至平板底面；有女儿墙者，应自外墙梁（板）顶面至图示女儿墙顶面；有砼压顶者，算至压顶底面，分别以不同厚度按外墙定额执行。

2. 内墙

内墙位于屋架下者，其高度算至屋架底；无屋架者，算至天棚底另增加120mm；有钢筋砼楼隔层者，算至钢筋砼底板；有框架梁时，算至梁底面；同一墙上板厚不同时，按平均高度计算。

七、框架间砌体，分别按内外墙及不同砂浆强度，以框架间净面积乘以墙厚计算，套用相应定额。框架外表面镶包砖部分也并入墙身工程量内一并计算。

八、空花墙的计算

空花墙按空花部分的外形体积以立方米计算，空花墙外有实砌墙，其实砌部分应以立方米另列项目计算。

九、填充墙按外形体积以立方米计算，其实砌部分及填充料已包括在定额内，不另计算。砖柱基、柱身不分断面均以设计体积计算，柱身、柱基工程量合并，套用砖柱的相应定额；柱基与柱身砌体品种不同时，应分开计算并分别套用相应定额。

十、砖砌地下室墙身及基础按设计图示以立方米计算，内外墙身工程量合并计算按相应内墙定额执行。墙身外侧面砌贴砖按设计厚度以立方米计算。

十一、加气砼砌块墙按图示尺寸以立方米计算，砌块本身空心体积不予扣除。砌体中设计钢筋砖过梁时，应另行计算，套用小型砌体的相应定额。

十二、含半柱砌体按图示砌筑高度以米计算。

十三、毛石墙、方整石墙按图示尺寸以立方米计算。方整石墙单面出墙垛并入墙身工程量内，双面出墙垛按柱计算。标准砖镶砌门窗口立边、窗台虎头砖、钢筋砖过梁等按实砌体体积另行列项目计算，套用小型砌体的相应定额。

十四、墙基防潮层按墙基顶面水平宽度乘以长度以平方米计算，有附垛时，将附垛面积并入墙基内。

十五、其他

1. 砖砌台阶按水平投影面积以平方米计算。

2. 毛石台阶均以图示尺寸按立方米计算，毛石台阶按毛石基础定额执行。

3. 砖砌地沟沟底与沟壁工程量合并以立方米计算。

砼及钢筋砼工程量计算规则

一、现浇混凝土工程量，按以下规定计算：

1. 混凝土工程量除另有规定者外，均按图示尺寸实际体积以立方米计算。不扣除构件内钢筋、支架、螺栓孔、螺栓、预埋铁件及墙、板中0.3m^{2}内的孔洞所占体积。留洞所增加的工、料不再另增费用。

2. 基础

(1) 有梁带形混凝土基础，其梁高与梁宽之比在4：1以内的，按有梁式带形基础计算（带形基础梁是指梁底部到上部的高度）。超过4：1时，其基础底按无梁式带形基础计算，上部按墙计算。

(2) 满堂（板式）基础有梁式（包括反梁）、无梁式应分别计算，仅带有边肋者，按无梁式满堂基础套用子目。

(3) 独立基础：按实际体积以立方米算至基础扩大顶面。

(4) 杯形基础套用独立柱基项目，按实际体积以立方米计算。

3. 柱：分矩形、圆形、多边形等，使用定额时应分别按各种规格套用项目。

(1) 柱高按柱基上表面到楼板下表面的高度计算。

(2) 有梁板的柱高应按柱基上表面到楼板下表面计算柱高。

(3) 有楼隔层的柱高按柱基上表面或楼板上表面至上层楼板下表面的高度分层计算。

(4) 依附在柱上的云头、梁垫、蒲鞋头的体积另列计算。

(5) 多边形圆柱按相应的圆柱定额执行，其规格按断面对角线长套用定额。

(6) 构造柱按全高计算，应扣除与现浇板、梁相交部分的体积，与砖墙嵌接部分的砼体积并入柱漓体积内计算。

4. 梁：按图示断面尺寸乘梁长以立方米计算，梁长按下列规定确定：

(1) 梁与柱连接时，梁长算至柱侧面。

(2) 主梁与次梁连接时，次梁长算至主梁侧面。伸入砖墙内的梁头、梁垫体积并入梁体积内计算。

(3) 圈梁、过梁应分别计算，过梁长度按图示尺寸；图纸无明确表示时，按门窗洞口外围宽另加500mm计算。平板与砖墙上砼圈梁相交时，圈梁高应算至板底面。

(4) 依附于梁（包括阳台梁、圈过梁）上的砼线条（包括弧形线条）按延长米另行计算（梁宽算至线条内侧）。

(5) 现浇挑梁按挑梁计算，其压入墙身部分按圈梁计算；挑梁与单、框架梁连接时，其挑梁应并入相应梁内计算。

(6) 老戗嫩戗按设计图尺寸，按实际体积以立方米计算。

5. 墙：外墙按图示中心线（内墙按净长）乘以墙高、墙厚以立方米计算，应扣除门、窗洞口及0.3m^{2}外的孔洞面积。单面墙垛其突出部分并入墙体体积计算，双面墙垛（包括墙）按柱计算。弧形墙按弧形长度乘以墙高、墙厚计算。梯形断面按上口与下口的平均宽度计算。

墙高的确定：

(1) 墙与梁平行重叠，墙高算至梁顶面；当设计梁宽超过墙宽时，梁、墙分别按相应项目计算。

(2) 墙与板相交，墙高算至板底面。

6. 板：按图示面积乘以板厚以立方米计算(梁板交接处不得重复计算)。其中：

(1) 有梁板按梁(包括主梁和次梁)、板体积之和计算。

(2) 平板按实际体积计算。

(3) 现浇挑檐、天沟与板(包括屋面板、楼板)连接时，以外墙面为分界线；与圈梁(包括其他梁)连接时，以梁外边线为分界线。外墙边线以外或梁外边线以外为挑檐、天沟。

(4) 各类板伸入墙内的板头并入板体积内计算。

(5) 预制板缝宽度在 100mm 以上的现浇板缝按平板计算。

(6) 有多种平板连接时，以墙中心线为界，伸入墙内的板头并入板内计算。

(7) 戗翼板系指古典建筑中的翘角部位，并连有摔网椽的翼角板。其工程量(包括摔网椽和板体积之和)按施工图示尺寸以实际体积立方米计算。

(8) 椽望板系指古典建筑中在飞檐部位，并连有飞椽和出檐椽重叠之板。其工程量(包括飞椽、檐椽和板体积之和)按施工图示尺寸以实际体积立方米计算。

(9) 亭屋面板(曲面形)系指古典建筑亭面板，为曲形状。其工程量按施工图示尺寸以实际体积立方米计算。

7. 中式屋架系指古典建筑中立帖式屋架。其工程量(包括立柱、童柱、大梁，双步体积之和)按施工图示尺寸以实际体积立方米计算。

8. 枋、桁：

(1) 枋子(看枋)、桁条、梓桁、连机、梁垫、蒲鞋头、云头、斗拱、椽子等构件，均按施工图示尺寸以实际体积立方米计算。

(2) 枋子与柱交接时，枋的长度应按柱间净距计算。

9. 吴王靠，挂落按延长米计算。

10. 古式零件系指梁垫、蒲鞋头、云头、水浪机、插角、宝顶、莲花头子、花饰块等以及单件体积小于 0.05 立方米未列入的古式小构件。

11. 整体楼梯包括楼梯中间休息平台、平台梁、斜梁及楼梯与楼板相连接的梁，按水平投影面积计算，不扣除宽度小于 20cm 的楼梯井，伸入墙内部分不另增加。

12. 阳台、雨篷，按伸出墙外的板底水平投影计算，伸入墙外的牛腿不另计算。水平、竖向悬板以立方米计算。

13. 阳台、沿廊栏杆的轴线柱、下嵌、扶手以扶手的长度按延长米计算。砼栏板、竖向挑板以立方米计算。栏板的斜长如图纸无规定时，按水平长度乘以系数 1.18 计算。地沟底、壁应分别计算，沟底按基础垫层子目执行。

14. 砼水池：

(1) 水池底：池底的体积应包括池壁下部的扩大部分。

(2) 水池壁：应分别按不同厚度计算，其高度不包括地底厚度及池壁上下处的扩大部分。

二、现场预制混凝土工程量，按以下规定计算：

1. 混凝土工程量均按施工图示尺寸，以实际体积立方米计算，不扣除构件内钢筋、铁件、板内面积小于 $0.3m^2$ 孔洞所占的体积。

2. 装配式构件制作

(1) 装配式构件一律按施工图示尺寸，以实际体积计算，空腹构件应扣除空腹体积。

(2) 预制混凝土板间需补现浇板缝时，按平板定额执行(5mm 宽以内的板缝、混凝土灌缝已包括在定额内)。

(3) 预留部位浇捣系指柱、枋、云头交叉部位需电焊后浇制混凝土部分，其工程量按实际体积以立方米计算。

(4) 预制混凝土花窗，按其外围面积以平方米计算，边框线抹灰另按抹灰工程规定计算。

3. 预制混凝土构件安装及灌缝工程量的计算方法，与构件制作工程量的计算方法相同。

三、钢筋工程量，按以下规定计算：

(一) 一般规则

1. 钢筋工程应区别现浇构件、现场预制构件等以及不同规格分别按设计展开长度(展开长度、保护层、搭接长度应符合规范)乘以理论重量以吨计算。

2. 计算钢筋工程量时，搭接长度按规范规定计算。当梁、板(包括整板基础)Φ8 以上的通筋未设计搭接位置时，预算书暂按 8m 一个双面电焊接头考虑，结算时应按钢筋实际尺寸调整搭接个数，搭接方式按已审定的施工组织设计确定。

3. 电渣压力焊、锥螺纹、镦粗直螺纹、套管挤压等接头以“个”计算。预算书中，底板、梁暂按 8m 长一个接头的 50%计算；柱按自然层每根钢筋 1 个接头计算。结算时应按钢筋实际接头个数计算。

4. 桩顶部破碎砼后主筋与底板钢筋焊接分别分为灌注桩、方桩(离心管桩按方桩)以桩的根数计算。每根桩端焊接钢筋根数不调整。

5. 各种砌体内的钢筋加固分绑扎、不绑扎按吨计算。

(1) 预埋铁件、螺栓按施工图纸以吨计算，执行铁件制定定额。

(2) 预制柱上钢牛腿按铁件以吨计算。

(二) 钢筋直(弯)、弯钩、圆柱、柱螺旋箍筋及其他长度的计算：

1. 梁、板为简支，钢筋为 II、III 级钢时，可按下列规定计算：

(1) 直钢筋净长 $=L-2c$

(2) 弯起钢筋净长 $=L-2c+2\times0.414H'$

当 θ 为 30°时，公式内 $0.414H'$ 改为 $0.268H'$；

当 θ 为 60°时，公式内 $0.414H'$ 改为 $0.577H'$。

(3) 弯起钢筋两端带直钩净长 $=L-2c+2H'+2\times0.414H'$

当 θ 为 30°时，公式内 $0.414H'$ 改为 $0.268H'$；

当 θ 为 60°时，公式内 $0.414H'$ 改为 $0.577H'$。

(4) 末端须作 90°、135°弯折时，其弯起部分长度按施工图示尺寸计算。

(1)(2)(3)当采用Ⅰ级钢时，除按上述计算长度外，在钢筋末端应设弯钩，每只弯钩增加6.2d。

2. 箍筋末端应作135°弯钩，弯钩平直部分的长度e，一般不应小于箍筋直径的5倍；对有抗震要求的结构不应小于箍筋直径的10倍。

当平直部分为5d时，箍筋长度L=(a－2c＋2d)×2＋(b－2c＋2d)×2＋14d；

当平直部分为10d时，箍筋长度L=(a－2c＋2d)×2＋(b－2c＋2d)×2＋24d。

3. 弯起钢筋终弯点外应留有锚固长度，在受拉区不应小于20d；在受压区不应小于10d。弯起钢筋斜长按下表系数计算。

表3-5 弯起钢筋斜长计算系数

弯起角度	$\theta=30^\circ$	$\theta=45^\circ$	$\theta=60^\circ$
斜边长度s	$2h_0$	$1.414h_0$	$1.155h_0$
底边长度L	$1.732h_0$	h_0	$0.577h_0$
斜长比底长增加	$0.268h_0$	$0.414h_0$	$0.577h_0$

4. 箍筋、板筋排列根数=[(L－100mm)/设计间距]＋1，但在加密区的根数按设计另增。

上式中L=柱、梁、板净长。柱、梁净长计算方法同砼，其中柱不扣板厚。板净长指主(次)梁与主(次)梁之间的净长。计算中有小数时，向上进为整数(如4.1取5)。

5. 圆桩、柱螺旋箍筋长度计算：$L=(\sqrt{[(D-2C+2d)\pi]^2+h^2})\times n$

上式中：D=圆柱、柱直径；C=主筋保护层厚度；d:箍筋直径；h;箍筋间距；n=箍筋道数=柱、桩中箍筋配置长度÷h＋1

6. 其他：有设计者按设计要求计算，当设计无具体要求时，按下列规定计算：

(1) 柱底插筋；

(2) 斜筋挑钩。

四、构件制品场外运输

1. 预制砼构件场外运输工程量计算方法与构件制作工程量计算方法相同，但板类及厚度在50mm内薄型构件由于在运输、安装过程中易发生损耗，应增加构件损耗率为：场外运输0.8%，场内运输5%，安装损耗0.5%。工程量按下列规定计算：

制作、场外运输工程量=设计工程量×1.018

安装工程量=设计工程量×1.01

2. 成型钢筋场外运输工程量同制作绑扎钢筋工程量以吨计算。

3. 零星金属构件(含铁件)场外运输工程量与零星金属构件安装工程量相同，以吨计算。

4. 砖件场外运输按实际运输数量以块计算。

5. 加工后石制品场外运输工程量按设计体积以立方米计算。

6. 木构件场外运输工程量与木构件安装工程量相同，以立方米计算。

7. 门窗场外运输按门窗洞口的面积(包括框、扇在内)以平方米计算，带纱扇时，工程量乘以系数1.4。

木作工程量计算规则

一、购入成品的各种铝合金、塑钢门窗以及小门框，均按门窗洞口面积以平方米计算；普通木门窗按施工图示门窗洞口面积以平方米计算；无框的窗扇及成品木门扇按门(窗)扇外围面积计算。

二、天棚分“天棚楞木”和“钉天棚面层”两部分，天棚楞木的垫木已包括在定额内，不另计算。

三、天棚龙骨面积以主墙间实际净面积计算，天棚面层按施工图示净面积计算，斜天棚以主墙间面积乘屋面的坡度系数计算，均不扣除间壁墙、检查洞、通风口以及穿过天棚的柱、垛和附墙烟囱等所占的面积。

四、檐口天棚按挑沿宽度乘檐口的长度计算，不扣除洞口及墙、垛所占的面积。

五、水楼地楞按立方米竣工木料计算，楞间剪刀撑、沿椽水(楞垫子)的材料用量已计入定额内，不另计算。

六、木楼地板按主墙间净面积(不包括伸入主墙内的面积)以平方米计算，不扣除间壁墙以及穿过楼地面层的柱、垛和附墙烟囱等所占面积，但门和洞的开口部分亦不增加。

七、木踢脚线按施工图示尺寸以延长米计算，门洞扣除，侧壁另加。

八、木楼梯(包括休息平台和靠墙踢脚板)按其水平投影面积以平方米(不计伸入墙内部分的面积)计算。

九、楼梯底钉天棚的工程均以楼梯水平投影面积乘以系数 1.10，按天棚面层定额计算。

十、间壁墙工程量计算时，应扣除门窗洞口的面积，但不扣除面积在 0.3m^2 以内的洞口部分，如通风洞和递物口等的面积。

十一、间壁墙木墙裙、护壁板长度按净长计算，高度按施工图示尺寸计算。

十二、木装饰龙骨按面层净面积以平方米计算，并扣除门窗洞口及面积在 0.3m^2 以上的孔洞所占的面积，附墙垛及门窗侧壁并入墙面工程量内计算。

柱、梁龙骨按面层展开宽度乘以净长以平方米计算。

柱帽、柱脚按面层的展开面积以平方米计算。

十三、木栏杆、木扶手均以延长米计算(不计算伸入墙内部分的长度)，在楼梯踏步部分的木栏杆与木扶手，其工程量按水平投影长度乘以系数 1.18 计算。

十四、窗台板按平方米计算，如窗台板未注明长度时，可按窗框的外围宽度两边各增加 10cm 计算，窗台突出墙面的宽度按抹灰面增加 3cm 计算。

十五、筒子板(门、窗口套子及大头板)的面积按施工图示尺寸以平方米计算。

十六、装饰线条、挂镜线按设计长度以延长米计算，门窗贴脸按门窗框外围洞口尺寸以延长米计算。

楼地面及屋面工程量计算规则

一、地面垫层按室内主墙间净面积乘以实际厚度以立方米计算，应扣除凸出地面的构筑物、设备基础、室内铁道、地沟等所占体积，不扣除柱、垛、间壁墙、附墙烟囱及面积在 $0.3m^2$ 以内的孔洞所占体积，但门洞、空圈、暖气包槽、壁龛的开口部分亦不增加。

二、整体面层、找平层均按主墙间净面积以平方米计算，应扣除凸出地面建筑物、设备基础、地沟等所占面积，不扣除柱、垛、间壁墙、附墙烟囱及面积在 $0.3m^2$ 以内的孔洞所占面积，但门洞、空圈、暖气包槽、壁龛的开口部分亦不增加。看台台阶、阶梯教室地面层按展开后的净面积计算。

三、块料面层按展开实铺面积以平方米计算，应扣除凸出地面的构筑物、设备基础、柱、间壁墙等不作面层的部分，面积在 $0.3m^2$ 以内的孔洞所占面积不扣除。门洞、空圈、暖气包槽、壁龛的开口部分的工程量另增并入相应的面层内计算。

四、楼梯整体面层按楼梯的水平投影面积以平方米计算，包括踏步、踢脚板、中间休息平台、踢脚线、梯板侧面及堵头。楼梯井宽在200mm以内不扣除其面积；宽度超过200mm者，应扣除其面积；楼梯间与走廊连接的，应算至楼梯梁的外侧。

五、楼梯块料面层按展开实铺面积以平方米计算，踏步板、踢脚板、休息平台、踢脚线、堵头工程量应合并计算。

六、台阶（包括踏步及最上一步踏步口外延300mm）整体面层按水平投影面积以平方米计算；块料面层按展开（包括两侧）实铺面积以平方米计算。

七、水泥砂浆踢脚线按延长米计算。其洞口、门窗长度不予扣除，但洞口、门窗、垛、附墙烟囱等侧壁也不增加；块料面层踢脚线按施工图示尺寸以实贴延长米计算，门洞扣除，侧壁另加。

八、多色简单图案镶贴花岗岩、大理石按镶贴图案的矩形面积计算；成品拼花石材铺贴按设计图案的面积计算；计算简单图案之外的面积，在扣除简单图案面积时也按矩形面积扣除。

九、其他

1. 斜坡、散水、槎牙都按水平投影面积以平方米计算；明沟与散水连在一起时，明沟按宽300mm计算，其余为散水；散水、明沟应分开计算；散水、明沟应扣除踏步、斜坡、花台等的长度。

2. 明沟按施工图示尺寸以延长米计算。

3. 地面、石材面嵌金属和楼梯防滑条均按延长米计算。

4. 屋面卷材防水按施工图示尺寸实铺面积以平方米计算，但不扣除房上烟囱、风帽底座、风道所占面积；女儿墙、伸缩缝、天窗等处的弯起高度按施工图示尺寸计算并入屋面工程量内；如施工图纸无规定时，伸缩缝、女儿墙处的弯起高度均按250mm计算，天窗处弯起高度按500mm计算；檐沟、天沟按展开面积并入屋面工程量内计算。

5. 伸缩缝、盖缝按延长米计算；当墙体双面盖缝时，工程量按双面计算。

6. 防滑条按施工图示尺寸延长米计算。

7. 石材磨边加工按延长米计算。

8. 成品保护层按相应子目工程量计算，但台阶、楼梯按水平投影面积计算。

抹灰工程量计算规则

一、内墙面抹灰

1．内墙面抹灰面积应扣除门窗洞口和空圈所占的面积，不扣除踢脚线、挂镜线、面积在 0.3m² 以内的孔洞和墙与构件交接处的面积，但洞口侧壁和顶面抹灰亦不增加。垛的侧面抹灰面积应并入内墙面工程量内计算。

2．内墙面抹灰长度以主墙间的施工图示净长计算，不扣除间壁所占的面积。其高度确定：不论有无踢脚线，其高度均自室内地坪面或楼面至天棚底面。

3．柱和单梁的抹灰按结构展开面积计算，柱与梁或梁与梁接头的面积不予扣除；砖墙中平墙面的砼柱、梁等的抹灰（包括侧壁）应并入墙面抹灰工程量内计算；凸山墙面的砼柱、梁面（包括侧壁）抹灰工程量应单独计算，按相应定额执行。

4．厕所、浴室隔断抹灰工程量按单面垂直投影面积乘以系数 2.3 计算。

二、外墙抹灰

1．外墙面抹灰面积按外墙面的垂直投影面积计算，应扣除门窗洞口和空圈所占的面积，不扣除面积在 0.3m² 以内的孔洞。但门窗洞口、空圈的侧壁、顶面及垛等抹灰，应按结构展开面积并入墙面抹灰中计算。外墙面不同品种砂浆抹灰，应分别计算按相应子目执行。

2．外墙窗间墙与窗下墙均抹灰，以展开面积计算。

3．挑沿、天沟、腰线、扶手、单独门窗套、窗台线、压顶等，均以结构尺寸展开面积计算；窗台线与腰线连接时，并入腰线内计算。

4．外窗台抹灰长度，如设计图纸无规定时，可按窗洞口宽度两边共加 20cm 计算；窗台展开宽度一砖墙按 36cm 计算，每增加半砖宽则累增 12cm。

5．勾缝按墙面垂直投影面积计算，应扣除墙裙、腰线和挑沿的抹灰面积，不扣除门窗套、零星抹灰和门窗洞口等面积，但垛的侧面、门窗洞侧壁和顶面的面积亦不增加。

三、镶贴块料面层及花岗岩（大理石）板挂贴

1．内外墙面、柱梁面、零星项目镶贴块料面层均按块料面层的建筑尺寸（各块料面层＋粘贴砂浆厚度＝25mm）面积计算；门窗洞口面积扣除，侧壁、附垛贴面应并入墙面工程量中；内墙面腰线花砖按延长米计算。

2．窗台、腰线、门窗套、天沟、挑檐、洗槽、池脚等块料面层镶贴，均以建筑尺寸的展开面积（包括砂浆及块料面层厚度）按零星项目计算。

3．花岗岩、大理石板砂浆粘贴、挂贴均按面层的建筑尺寸（包括干挂空间、砂浆、板厚度）展开面积计算。

石材圆柱面按石材面外围周长乘以柱高（应扣除柱墩、帽高度）以平方米计算；石材柱墩、柱帽按结构柱直径加 100mm 后的周长乘以其高度以平方米计算；圆柱腰线按石材面周长计算。

四、天棚面抹灰

1. 天棚面抹灰按主墙间天棚水平面积计算，不扣除间壁墙、垛、柱、附墙烟囱、检查洞、通风洞、管道等所占的面积。

2. 密肋梁、井字梁、带梁天棚抹灰面积，按展开面积计算，并入天棚抹灰工程量内。斜天棚抹灰按斜面积计算。

3. 天棚抹灰如抹小圆角者，人工已包括在定额中，材料、机械按附注增加。如带装饰线者，其线分别按三道线以内或五道线以内，以延长米计算(线角的道数以每一个凸出的阳角为一道线)。

4. 楼梯底面和沿口天棚，并入相应的天棚抹灰工程量内计算。砼楼梯、螺旋楼梯的底板为斜板时，按其水平投影面积(包括休息平台)乘以系数 1.18 计算；底板为锯齿形时(包括预制踏步板)，按其水平投影面积乘以系数 1.5 计算。

脚手架工程量计算规则

一、脚手架工程量计算一般规则

1. 凡砌筑高度超过 1.5m 的砌体，均须计算脚手架。

2. 砌墙脚手架均按墙面(单面)垂直投影面积以平方米计算。

3. 计算脚手架时，不扣除门窗洞口、空圈、车辆通道、变形缝等所占面积。

二、砌筑脚手架工程量计算规则

1. 外墙脚手架按外墙外边线长度乘以外墙高度以平方米计算。外墙高度系指室外设计地坪至檐口高度。

2. 内墙脚手架以内墙净长乘内墙净高以平方米计算。有山尖者算至山尖 1/2 处的高度；有地下室时，自地下室内地坪至墙顶面高度。

3. 山墙自设计室外地坪(楼层内墙以楼面)至山尖 1/2 处，高度超过 3.60m 时，整个山墙按外脚手架计算。

4. 砌体高度在 3.60m 以内者，套用砌墙里架子定额；高度超过 3.60m 者，套用外脚手架定额。

5. 云墙高度从室外地坪至云墙凸出部分的 1/2 处，高度超过 3.60m 者，整个云墙按外脚手架计算。

6. 独立砖石柱高度在 3.60m 以内者，脚手架以柱的结构外围周长乘以柱高以平方米计算，执行砌墙脚手架里架子定额；柱高度超过 3.60m 者，以柱的结构外围周长加 3.60m 乘以柱高计算，执行砌墙脚手架外架子定额。

7. 砌石墙到顶的脚手架，工程量按砌墙相应脚手架乘以系数 1.5 计算。

8. 外墙脚手架包括一面抹灰脚手架在内，另一面当墙高度在 3.60m 以内时的抹灰脚手架费用已包括在抹灰定额子目内；如果墙高度超过 3.60m，则可计算抹灰脚手架。

9. 砖基础自设计室外地坪至垫层(或砼基础)上表面的深度,超过 1.5m 时,以垂直面积按相应砌目墙脚手架执行。

三、现浇钢筋砼脚手架工程量计算规则

1. 钢筋砼基础自设计室外地坪至垫层上表面的深度超过 1.5m,同时带形基础砼底宽超过 3.0m、凑独立基础或满堂基础砼底面积超过 16m^2 的砼浇捣脚手架,应按槽、坑土方规定放工作面后的底面积计算,按高 5m 以内的满堂脚手架定额乘以 0.3 系数计算脚手架费用。

2. 如果现浇钢筋砼独立柱、单梁、墙高度超过 3.60m 应计算浇捣脚手架。柱的浇捣脚手架以柱的结构周长加 3.60m 乘以柱高计算;梁的浇捣脚手架按梁的净长乘以地面(或楼面)至梁顶面的高度计算;墙的浇捣脚手架以墙的净长乘以墙高计算。套柱、梁、墙砼浇捣脚手架按单项定额规定计算。

3. 层高超过 3.60m 的钢筋砼框架柱、墙(楼板、屋面板为现浇)所增加的砼浇捣脚手架费用,以每 10m^2 框架轴线水平投影面积,按满堂脚手架相应定额乘以 0.3 系数执行;层高超过 3.60m 的钢筋砼框架柱、梁、墙(楼板、屋面板为预制)所增加的砼浇捣脚手架费用,以每 10m^2 框架轴线水平投影面积,按满堂脚手架相应定额乘以 0.4 系数执行。

四、抹灰脚手架、满堂脚手架工程量计算规则

1. 抹灰脚手架

(1) 钢筋砼单梁、柱、墙,高度超过 3.60m 时,按以下规定计算脚手架:

① 单梁:以梁净长乘以地面(或楼面)至梁项面高度计算脚手架;

② 柱:以柱结构外围周长加 3.60m 乘以柱高计算;

③ 墙:以墙净长乘以地面(或楼面)至板底(墙顶无板时至墙顶)高度计算。

(2) 墙面抹灰:以墙净长乘以净高计算(高度超过 3.60m 时)。

2. 满堂脚手架

天棚抹灰高度超过 3.60m 时,按室内净面积计算满堂脚手架,不扣除柱、垛所占面积。

(1) 基本层:分为 5m 内、8m 内;

(2) 增加层:高度超过 8m,每增加 2m 计算一层增加层,计算公式如下:

$$\text{增加层数}=[\text{室内净高}(m)-8m]/2m$$

余数在 0.60m 以内的,不计算增加层;余数超过 0.60m 的按增加一层计算。

3. 满堂脚手架高度以地面(或楼面)至天棚面或屋面板的底面为准(斜天棚或斜屋面按平均高度计算)。室内挑廊栏板外侧共享空间的装饰如无满堂脚手架利用时,按地面(或楼面)至顶层栏板顶面高度乘以栏板长度以平方米计算,套相应抹灰脚手架定额。

4. 室内净高超过 3.60m 的屋面板下、楼板下刷浆或油漆可另行计算一次脚手架费用,按满堂脚手架相应项目乘以 0.1 计算;墙、柱、梁面刷浆或油漆的脚手架按抹灰脚手架相应项目乘以 0.1 计算。

五、石作工程脚手架工程量计算规则

1. 石牌坊安装:按边柱外围各加 1.5m 的水平投影面积计算满堂脚手架。高度自设计

地面至楼(枋)顶面。

2. 石柱、石屋面板安装:按屋面板水平投影面积计算满堂脚手架。

3. 桥两侧石贴面:超 1.50m 时,按里架子计算;超 3.60m 时,按外架子计算。

4. 平桥板安装:按桥两侧各加 2m 范围,按高 5m 以内的满堂脚手架定额乘以 0.5 系数执行。

六、屋面檐口安装工程脚手架工程量计算规则

1. 檐高 3.60m 以下屋面檐口安装:按屋面檐口周长乘以设计室外标高至檐口高度面积以平方米计算。执行里架子定额。

2. 檐高 3.60m 以上屋面檐口安装:按屋面檐口周长乘以檐口高度面积以平方米计算;重檐屋面按每层分别计算。

3. 屋脊高度超过 1m 时按屋脊高度乘以延长米的面积,计算一次高 12m 以内双排外脚手架。

七、木作工程脚手架工程量计算规则

1. 檐口高度超过 3.60m 时,安装立柱、架、梁、木基层、挑檐,按屋面水平投影面积计算满堂脚手架一次;檐高在 3.60m 以内时不计算脚手架,但檐高在 3.60m 以内的戗(翼)角安装,按戗(翼)角部分的水平投影面积计算一次满堂脚手架。

2. 高度在 3.60m 以内的钉间壁,钉天棚用的脚手架费用已包括在各相应定额内,不再单独计算;当室内(包括地下室)净高超过 3.60m 时,钉天棚应按满堂脚手架计算。

3. 室内净高超过 3.60m 的钉间壁以其净长乘以高度的面积,可计算一次抹灰脚手架;天棚吊筋、龙骨与面层按其水平投影面积计算一次满堂脚手架(室内净高在 3.60m 内的脚手架费用已包括在各相应定额内)。

4. 天棚面层高度在 3.60m 内,吊筋与楼层的连接点高度超过 3.60m 者,应按满堂脚手架相应项目的定额基价乘以 0.60 系数计算。

模板工程量计算规则

一、现浇混凝土及钢筋混凝土模板工程量,按以下规定计算:

1. 现浇混凝土及钢筋混凝土模板工程量除另有规定者外,均按混凝土与模板的接触面积以平方米计算。若使用含模量计算模板接触面积者,其工程量=构件体积×相应项目含模量(含模量表详见附录一)。

2. 钢筋混凝土墙、板上单孔面积在 0.3m^2 以内的孔洞,不予扣除,洞侧壁模板不另增加,但凸出墙面的侧壁模板应相应增加;单孔面积在 0.3 m^2 以上的孔洞,应予以扣除,洞侧壁模板面积并入墙、板模板工程量之内计算。

3. 现浇钢筋混凝土框架分别按柱、梁、墙、板有关规定计算,墙上单面附墙柱并入墙内工程量计算,双面附墙柱按柱计算。

4. 预制混凝土板间或板边补现浇板缝,缝宽在 100mm 以上者,模板按平板定额计算。

5. 构造柱外露均应按图示外露部分计算面积，构造柱与墙接触面不计算模板面积。

6. 现浇混凝土雨蓬、阳台、水平挑板，按图示挑出墙面以外板底尺寸的水平投影面积计算(附在阳台梁上的混凝土线条不计算水平投影面积)；挑出墙外的牛腿及板边模板已包括在内，复式雨蓬挑口内侧净高超过 250mm 时，其超过部分按挑檐定额计算(超过部分的含模量按天沟含模量计算)；竖向挑板按栏板定额执行。

7. 整体直形楼梯包括楼梯段、中间休息平台、平台梁、斜梁及楼梯与楼板连接的梁，按水平投影面积计算，不扣除小于 200mm 的楼梯井，伸入墙内部分不另增加。

8. 现浇圆弧形构件除定额已注明者外，均按垂直圆弧形的面积计算。

9. 栏杆按扶手的延长米计算，扶手、栏板的斜长按水平投影长度乘以系数 1.18 计算。

10. 砖侧模分别为不同厚度，按实砌面积以平方米计算。

11. 斗拱、古式零件按照构件砼体积以立方米计算。

12. 古式栏板、吴王靠按照设计图示尺寸以延长米计算。

13. 拱圈石拱模按拱圈石底面弧形面积以平方米计算。

二、现场预制钢筋混凝土构件模板工程量，按以下规定计算：

1. 现场预制构件模板工程量，除另有规定者外，均按模板接触面积以平方米计算。若使用含模量计算模板面积，则其工程量＝构件体积×相应项目的含模量。砖与砼地模费用已包括在定额含量中，不再另行计算。

2. 漏空花格窗、花格芯按外围面积以平方米计算。

3. 斗拱、古式零件按照构件砼体积以立方米计算。

4. 挂落按设计水平长度以延长米计算。

5. 栏杆件、吴王靠构件按设计图示垂直投影面积以平方米计算。

绿化种植工程量计算规则

一、苗木起挖和种植：不论大小，分别按株(丛)、米、平方米计算。

二、绿篱起挖和种植：不论单双排，均按延长米计算；两排以上视作片植，套用片植绿篱以平方米计算。

三、花卉、草皮(地被)：以平方米计算。

四、起挖或栽植带土球乔木、灌木：根据土球直径大小或树木冠幅大小选用相应子目。土球直径按乔木胸径的 8 倍、灌木地径的 7 倍取定(无明显干径，按自然冠幅的 0.4 倍计算)。棕榈科植物按地径的 2 倍计算(棕榈科植物以地径换算相应规格土球直径套用乔木项目)。

五、人工换土量按绿化工程的有关规定，按实际天然密实土方量以立方米计算(人工换土项目已包括场内运土，场外土方运输按相应项目计价)。

六、大面积换土按施工图示要求或绿化设计规范要求以立方米计算。

七、土方造型(不包括一般绿地自然排水坡度形成的高差)按所需土方量以立方米计算。

八、树木支撑按支撑材料、支撑形式不同以株计算；金属构件支撑以吨计算。

九、草绳绕树干，按胸径不同根据所绕树干长度以米计算。

十、搭设遮荫棚，根据搭设高度按遮荫棚的展开面积以平方米计算。

十一、绿地平整，按工程实际施工的面积以平方米计算，每个工程只可计算一次绿地平整子目。

十二、垃圾深埋的计算：以就地深埋的垃圾土（一般以三、四类土）和好土（垃圾深埋后翻到地表面的原深层好土）的全部天然密实土方总量计算垃圾深埋子目的工程量，以立方米计算。

绿化养护工程量计算规则

一、乔木分常绿、落叶两类，均按胸径以株计算。

二、灌木均按蓬径以株计算。

三、绿篱分单排、片植两类。单排绿篱均按修剪后净高高度以延长米计算；片植绿篱均按修剪后净高高度以平方米计算。

四、竹类按不同类型，分别以胸径、根盘丛径以株或丛计算。

五、水生植物分塘植、盆植二类。塘植按丛计算；盆植按盆计算。

六、球型植物均按蓬径以株计算。

七、露地花卉分草本植物、木本植物、球根植物、块根植物类，均按平方米计算。

八、攀缘植物均按地径以株计算。

九、地被植物分单排、双排、片植三类。单排和双排地被植物均按延长米计算；片植地被植物以平方米计算。

十、草坪分暖地型、冷地型、杂草型三类，均按实际养护面积以平方米计算。

十一、绿地的保洁，应扣除各类植物树穴周边已分别计算的保洁面积，植物树穴折算保洁面积见下表。

表 3-6　植树树穴保洁面积　　（计量单位：10 株）

植物名称	乔木	灌木		球类		攀缘植物
		蓬径≤1m	蓬径＞1m	蓬径≤1m	蓬径＞1m	
保洁面积(m^2)	10	5	10	5	10	10

植物名称	绿篱、地被植物		散生竹		丛生竹	
	单排	双排	胸径(cm)		根盘直径(m)	
	10m		＜5	≥5	＜1	≥1
保洁面积(m^2)	5	10	2.5	5	5	10

堆砌假山及塑假石山工程量计算规则

一、假山散点石工程量按实际堆砌的石料以吨计算。

计算公式：

堆砌假山散点石工程量(吨)＝进料验收的数量－进料剩余数

二、塑假石山的工程量按外形表面的展开面积以平方米计算。

三、塑假石山钢骨架制作安装按设计图示尺寸重量以吨计算。

四、整块湖石峰以座计算。

五、石笋安装按施工图示要求以块计算。

园路和园桥工程量计算规则

一、各种园路垫层按设计图示尺寸，两边各放宽 5 厘米乘以厚度以立方米计算。

二、各种园路面层按设计图示尺寸，按长乘以宽以平方米计算。

三、园桥：毛石基础、桥台、桥墩、护坡按设计图示尺寸以立方米计算；桥面及栈道按设计图示尺寸以平方米计算。

四、路牙、筑边按设计图示尺寸以延长米计算；锁口按平方米计算。

园林小品工程量计算规则

一、堆塑装饰工程分别按展开面积以平方米计算。

二、塑松棍（柱）、竹分不同直径工程量以延长米计算。

三、塑树头按顶面直径和不同高度以个计算。

四、原木屋面、竹屋面、草屋面及玻璃屋面积按设计图示尺寸以平方米计算。

五、石桌、石凳按设计图示数量以组计算。

六、石球、石灯笼、石花盆、塑仿石音箱按设计图示数量以个计算。

七、金属小品按图示钢材尺寸以吨计算，不扣除孔眼、切肢、切角、切边的重量，电焊条重量已包括在定额内，不另计算。在计算不规则或多边形钢板重量时均按矩形面积以平方米计算。

第二节　园林小品计价表工程量计算

一、工程量计算的基本原则

1. 口径一致

所计算分项工程项目的工作内容和范围，必须同预算定额中相应项目的工作内容和范围一致，以便准确地套用预算定额。

例如，某省《园林工程估价表》规定，普通钢窗安装工程包括普通钢窗的成品价与运输费，因此计算普通钢窗安装工程量时已包括这些内容，而不应重复列出钢窗购置、运输项目。不仔细阅读定额中的工作内容，势必造成重复列项、漏项等错误，影响工程量计算的准确度。因而,在计算工程量时,除了熟悉施工图纸外,还要熟练掌握定额中每一个分部、分项工程所包含的工作内容及工作范围,从而避免重复列项及漏项。

2. 工程量计算规则要一致

计算工程量时必须遵循本地区现行的预算定额(或单位估价表)中的工程量计算规则。由于我国各地区的具体情况各不相同,因而各地区之间的定额及计算规则、各地区与全国基础定额及计算规则都不尽相同,所以在计算工程量时使用定额(或单位估价表)一定要按与定额(或单位估价表)相配套的工程量计算规则。只有这样,才能有统一的计算标准,从而保证工程量计算的准确。

3.计量单位要一致

根据施工图示计算工程量时,要选择与定额相同的计量单位。例如,预算定额中混凝土的计算单位是 $10m^3$,计算混凝土工程量时,单位也要用 m^3;在套用定额时,将单位折算成 $10m^3$,即得到套用定额时的工程数量。

4. 计算尺寸的取定要准确

在计算工程量之前,要核对施工图示尺寸,若有错误应及时向设计人员质疑。在计算工程量时,要按照定额的计算规则要求确定计算尺寸。例如,在计算外墙砌体时,应按“中心线”长度计算墙长,如果以偏轴线计算,就会发生多算或少算工程量的现象。

二、工程量计算的一般方法

一般工程计算工程量时,通常采用两种方法。一种方法是按施工顺序计算工程量;另一种方法是按统筹法计算工程量。在实际计算时也可以把这两种方法相互结合起来应用。

按施工顺序计算工程量,是指计算项目按施工顺序自下而上、由外向内,并结合预算定额手册中定额项目排列的顺序依次进行各分项工程量的计算。一个建筑物或构筑物是由很多分部或分项工程组成的,在实际计算中容易发生漏算或重复计算,从而影响工程量计算的准确性。为了加快计算速度,同时避免重复计算或漏算,同一个计算项目的工程量计算也应根据工程项目的不同结构形式,按照施工图纸并遵循一定的计算顺序进行。

1. 按顺时针顺序计算工程量

从图纸的左上方一点开始,从左至右逐项进行,环绕一周后又回到起点为止。这种方法一般适用于计算外墙、外墙基础、外墙挖地槽、地面、天棚等工程。

2. 按先横后竖、先上后下、先左后右的顺序计算工程量

这种方法一般适用于计算内墙、内墙基础、内墙挖槽、内墙装饰等工程。

3. 按轴线编号顺序计算工程量

这种方法一般适用于计算内外墙壁挖地槽、内外墙基础、内外墙砌体、内外墙装饰等工程。

三、施工案例

案例 1：树池

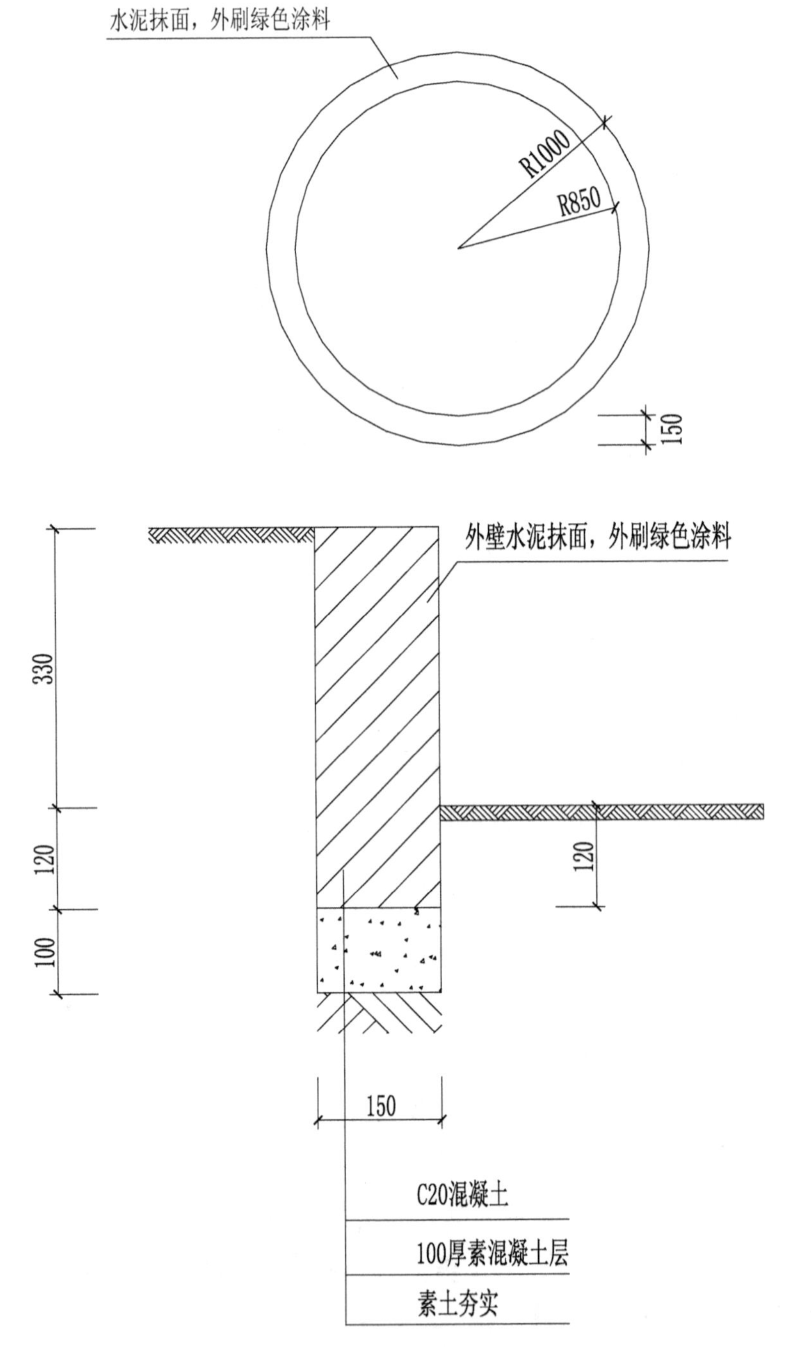

图 3-1　树池平面及剖面图

解析：建筑工程的挖土石方项目包括平整场地、挖土石方、挖沟槽和挖基坑四个类型，它们的区别如下表所示。

表 3-6　土石方项目区分表

项目	区分条件			
	挖填土方平均厚度(cm)	槽底宽度 W(m)	槽长 L(m)	坑底面积(m^2)
平整场地	≤±30			
挖沟槽		≤3	>3W	
挖基坑			≤3W	≤20
挖土方	>30	(>3)	(>3W)	>20
			≤3W	

平整场地是指建筑物或构筑物场地厚度在±30cm 以内的就地挖填土及找平工作。平整场地工程量按建筑物外墙外边线每边各增加 2m 范围的面积，以平方米计算。常见建筑物平面类型的工程量计算公式如下：

$$S = (A+4)(B+4) = S_d + 2L_{外} + 16$$

式中：A，B——建筑物长、宽方向的外边线长，单位为 m；

S_d——底层建筑面积，单位为 m^2；

$L_{外}$——外墙外边线周长，单位为 m。

素土夯实的工程量同沟槽或基坑底面积。

基础垫层按图示尺寸以立方米计算。外墙按外墙中心线长度计算，内墙按垫层净长度计算。

混凝土及钢筋混凝土模板工程量按混凝土与模板的接触面积以平方米计算。若使用含模量计算模板接触面积，则其工程量＝构件体积×相应项目含模量。

回填土分夯填和松填两种形式，回填体积以立方米为单位计算。回填土夯填是指将土壤回填后用夯实机具进行夯实，适用于较小面积的填土工程。例如，墙基槽、柱基坑、室内地坪等的回填夯实。沟槽、基坑的回填体积＝挖方体积－设计室外地坪以下埋设的砌筑物(包括基础垫层、基础等)体积。

表 3-7　树池计价表工程量

序号	分部分项工程名称	计量单位	工程量计算式	工程量
1	人工挖沟槽	m^3	2×3.14×(1－0.15/2)×(0.15＋2×0.3)×0.22	0.96
2	素土夯实	m^2	2×3.14×0.925×(0.15＋0.6)	4.36
3	素混凝土垫层	m^3	2×3.14×0.925×0.15×0.1	0.09
4	垫层模板(含模量)	m^2	0.09×1	0.09
5	垫层模板(接触面积)	m^2	2×3.14×(1＋0.85)×0.1	1.16
6	C20 混凝土	m^3	2×3.14×0.925×0.15×0.45	0.39
7	模板	m^2	2×3.14×(1＋0.85)×0.45	5.23

续表

序号	分部分项工程名称	计量单位	工程量计算式	工程量
8	基槽坑回填土	m^3	0.96－0.09－2×3.14×0.925×0.15×0.12	0.77
9	余土外运	m^3	0.96－0.77×1.15	0.07
10	填种植土	m^3	3.14×0.85×0.85×0.33	0.75
11	水泥抹面	m^2	2×3.14×1×0.33＋2×3.14×0.925×0.15	2.94
12	刷绿色涂料	m^2	2×3.14×1×0.33＋2×3.14×0.925×0.15	2.94

案例 2 双排柱花架

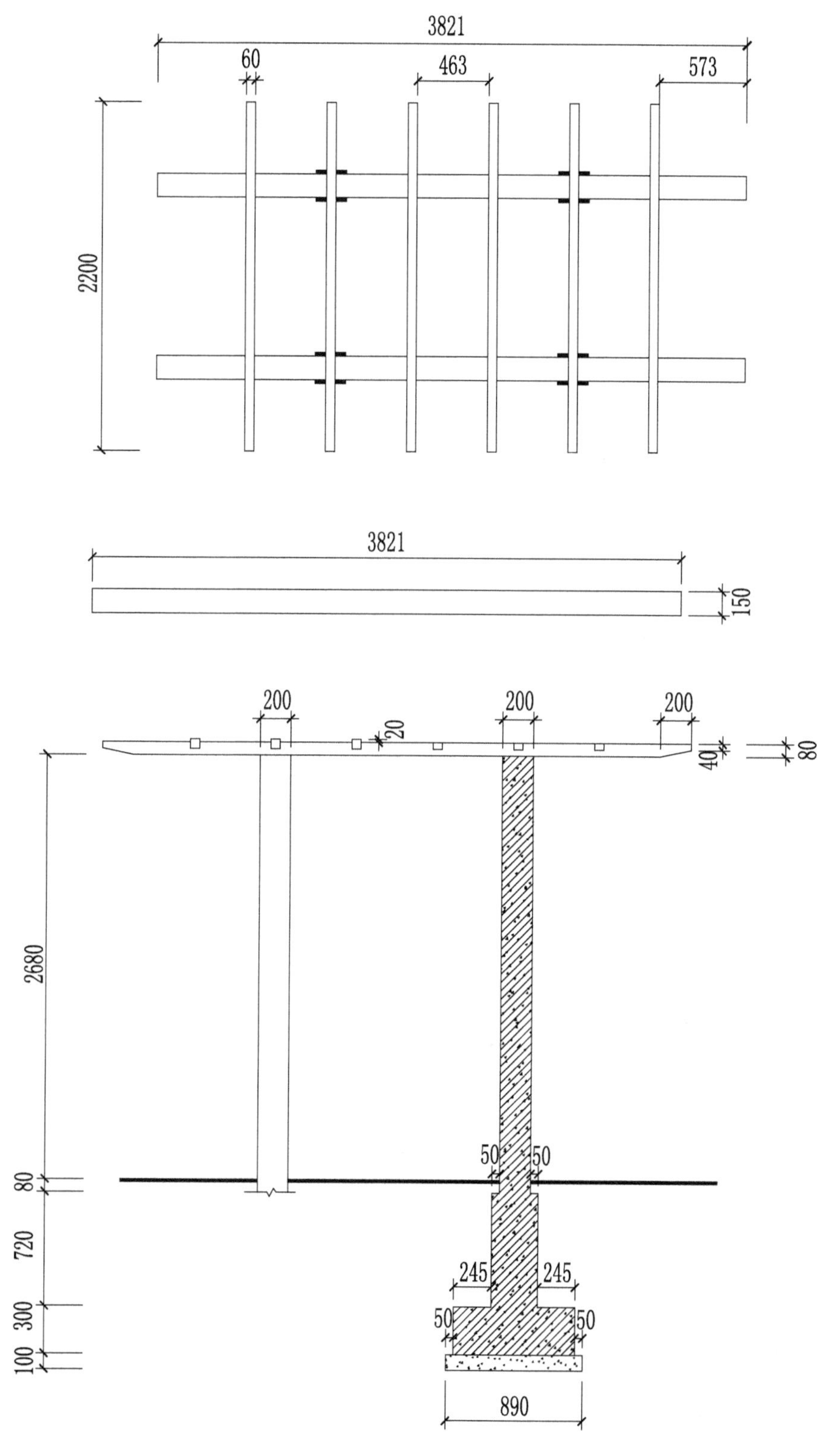

图 3-2 双排柱花架平立剖图

解析：从该花架平面图可以获知该花架有梁 2 根，梁长 3821mm；花架条 6 根，花架条长 2200mm，花架条宽 60mm。从梁平面图可以看出梁宽 150mm。从该花架立面及剖面图可以看出柱 2 根，柱高 2680mm，施工图纸只给出了柱的剖面，说明柱截面是正方形，尺寸为 200×200mm。花架条厚 60mm，梁高 80mm。梁的体积可以按照截面积乘以宽来计算。

挖土深度 1.2m，如果施工组织设计需要放坡，结合基础材料是混凝土垫层支模板，那么独立柱基坑工程量的公式为：$(a+2c+kh)\times(b+2c+kh)\times h+1/3k^2h^3$。a、b 表示基坑底边长，c 表示工作面，k 表示放坡系数，h 表示挖土深度。

表 3-8 双排柱花架计价表工程量

序号	分部分项工程名称	计量单位	工程量计算式	工程量
1	人工挖基坑	m^3	(0.89+0.6)×(0.89+0.6)×1.2×4	10.66
2	素土夯实	m^2	(0.89+0.6)×(0.89+0.6)×4	8.88
3	C10 混凝土垫层	m^3	0.89×0.89×0.1×4	0.32
4	垫层模板	m^2	4×0.89×0.1×4	1.42
5	柱基	m^3	(0.79×0.79×0.3+0.3×0.3×0.72+0.2×0.2×0.08)×4	1.02
6	柱基模板	m^2	(4×0.79×0.3+4×0.3×0.72+4×0.2×0.08+0.79×0.79−0.3×0.3+0.3×0.3−0.2×0.2)×4	9.84
7	柱基钢筋	t	1.02×0.04	0.04
8	基坑回填	m^3	10.66−0.32−1.02	9.32
9	现浇柱	m^3	0.2×0.2×2.68×4	0.43
10	柱模板	m^2	4×0.2×2.68×4	8.58
11	柱钢筋	t	0.43×0.126	0.05
12	预制梁	m^3	(1/2×(0.04+0.08)×0.573×2+(3.821−0.573×2)×0.08−6×0.06×0.04)×0.15×2×1.018	0.08
13	梁模板	m^2	((0.04+0.08)×0.573+(3.821−0.573×2)×0.08−6×0.06×0.04+3.821+2×0.04+2×0.574+3.821−2×0.573+6×2×0.04)×0.15)×2	3.00
14	梁钢筋	t	0.08×0.170	0.01
15	梁安装	m^3	((0.04+0.08)×0.573+(3.821−0.573×2)×0.08−6×0.06×0.04)×0.15×6×1.01	0.24
16	预制花架条	m^3	0.06×0.06×2.2×6×1.018	0.05
17	花架条模板	m^2	(0.06×2.2+(0.06+2.2)×2×0.06)×6	2.42
18	花架条钢筋	t	0.05×0.056	0.00
19	花架条安装	m^3	0.06×0.06×2.2×6×1.01	0.05
20	余土外运	m^3	10.66−9.32×1.15	−0.06

案例 3　园林坐凳

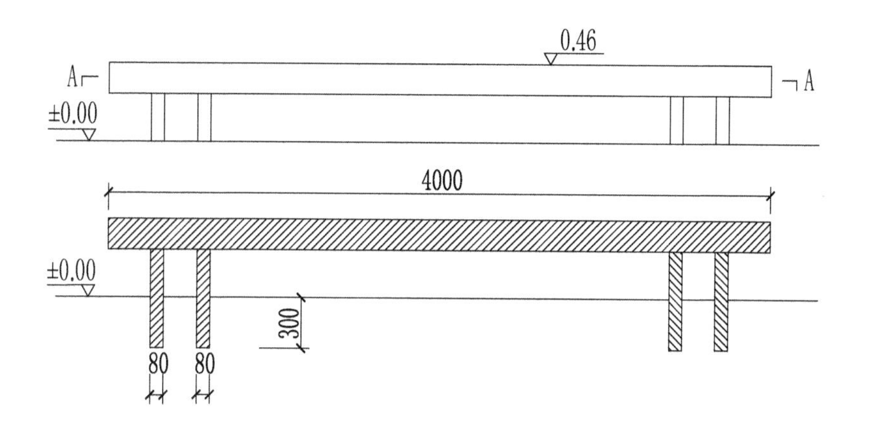
0.46
A
A
±0.00
4000
±0.00
300
80
80

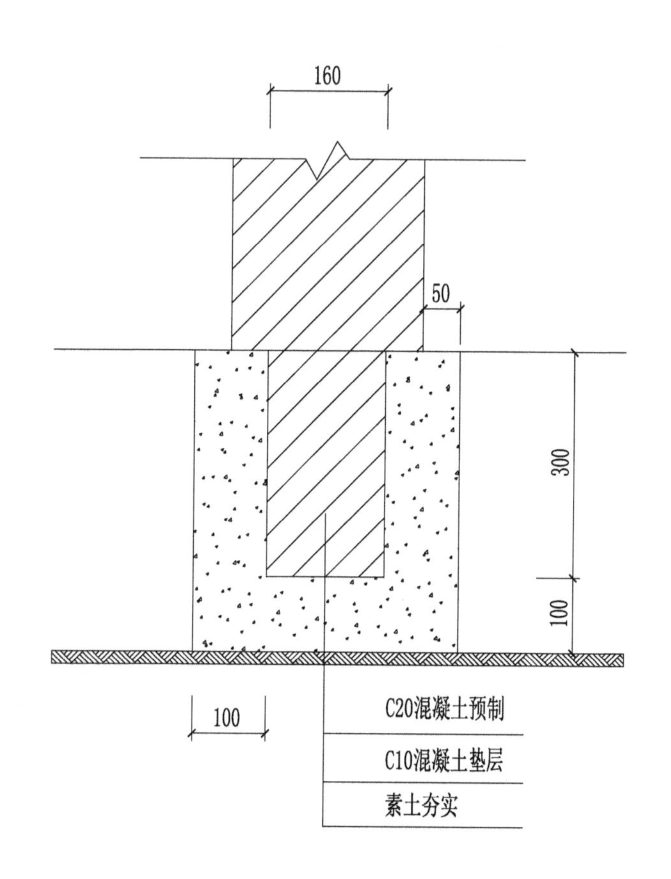
160
50
300
100
100
C20混凝土预制
C10混凝土垫层
素土夯实

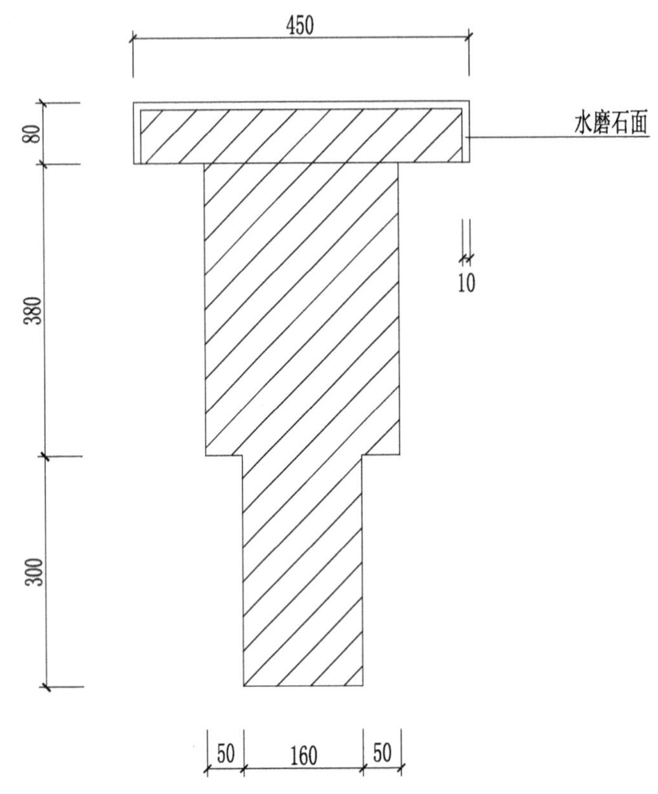

图 3-3　园林坐凳平立剖图

解析：C10 混凝土垫层采用现浇的方式施工。基础的外形尺寸是 360mm×280mm×400mm。该园林坐凳的凳腿和凳面采用预制的方式制作，根据计算规则，其工程量是设计用量乘以系数 1.018。预制构件需要安装，工程量是设计用量乘以系数 1.01。

表 3-9　园林坐凳计价表工程量

序号	分部分项工程名称	计量单位	工程量计算式	工程量
1	挖基坑	m^3	(0.36＋2×0.3)×(0.08＋2×0.05＋2×0.3)×0.4×4	1.20
2	素土夯实	m^2	(0.36＋2×0.3)×(0.08＋2×0.05＋2×0.3)×4	3.00
3	C10 混凝土垫层	m^3	(0.36×0.18×0.4－0.08×0.16×0.3)×4	0.09
4	垫层模板	m^2	((0.36＋0.18)×2×0.4＋(0.16＋0.08)×2×0.3＋0.16×0.08)×4	2.36
5	基坑回填	m^3	1.20－0.36×0.18×0.4×4	1.10
6	预制凳腿 C20	m^3	(0.16×0.3＋0.26×0.38)×0.08×4×1.018	0.05
7	凳腿模板	m^2	(0.16×0.3＋0.26×0.38＋(0.26＋0.38＋0.3)×2×0.08)×4	1.19
8	凳腿钢筋	t	0.05×0.056	0.003
9	凳腿安装	m^3	(0.16×0.3＋0.26×0.38)×0.08×4×1.01	0.05
10	预制凳面 C20	m^3	4×0.45×0.08×1.018	0.15

续表

序号	分部分项工程名称	计量单位	工程量计算式	工程量
11	凳面模板	m^2	4×0.45+(4+0.45)×2×0.08	2.51
12	凳面钢筋	t	0.15×0.056	0.01
13	凳面安装	m^3	4×0.45×0.08×1.01	0.15
14	余土外运(场外取土)	m^3	1.20−1.10×1.15	−0.06

案例 4 园林景墙(墙长 5340mm)

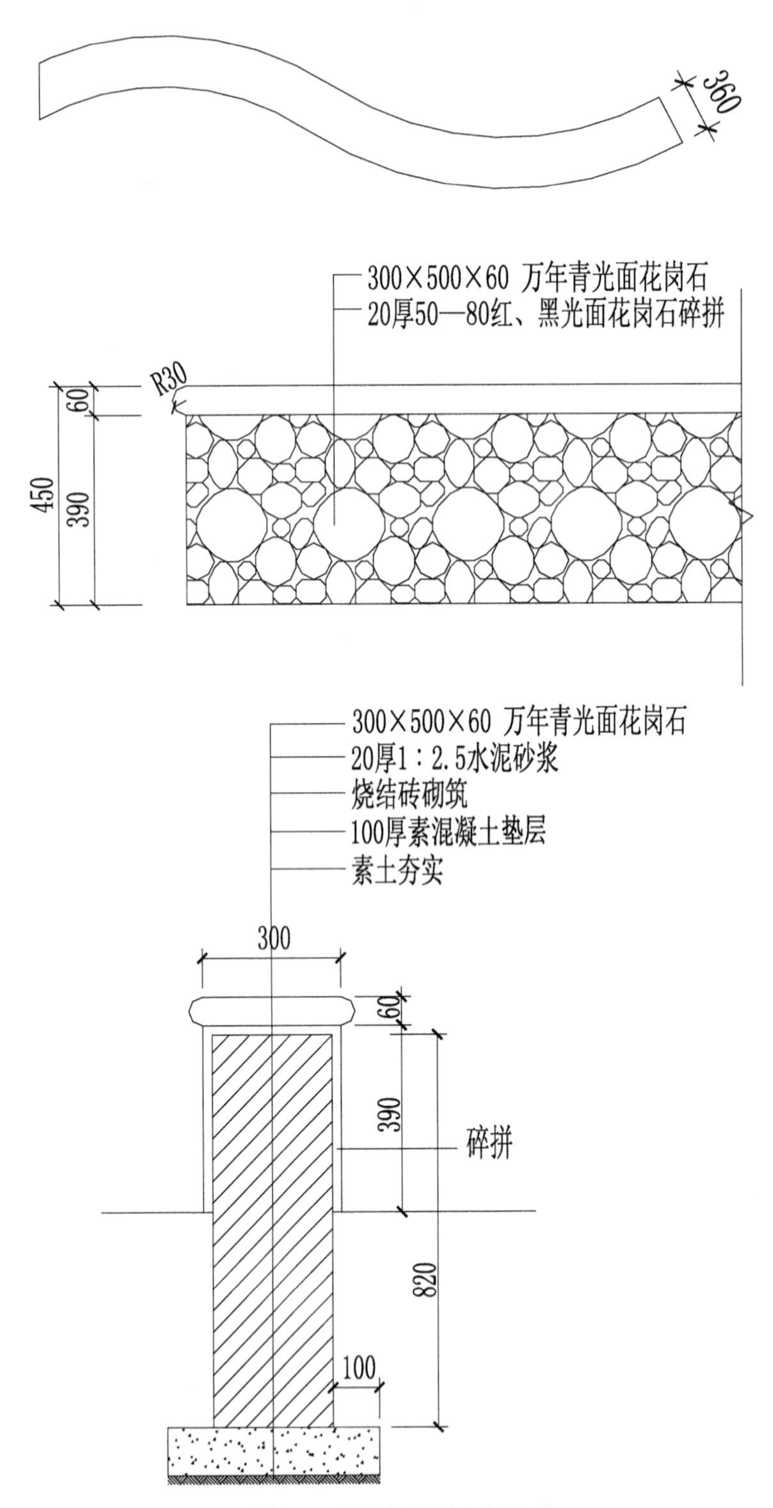

图 3-4 园林景墙平立剖图

解析：该景墙施工的时候需要挖沟槽，由于基础材料是混凝土垫层支模板，所以需要在槽的两侧加工作面。另外，需要注意 820mm 和 390mm 这两段的尺寸有一侧的尺寸界限与另一侧的是不一致的。20mm 厚 50—80 红、黑光面花岗石贴面需要拼贴景墙的 4 个面。花岗石压顶是按面积以平方米计算的。

表 3-10 园林景墙计价表工程量

序号	分部分项工程名称	计量单位	工程量计算式	工程量
1	挖沟槽	m^3	(0.5+2×0.3)×5.34×(0.82+0.1+0.02−0.39)	3.23
2	素土夯实	m^2	(0.5+2×0.3)×5.34	5.87
3	C10 混凝土垫层	m^3	0.5×0.1×5.34	0.27
4	垫层模板	m^2	0.1×2×5.34	1.07
5	砖基础	m^3	0.3×(0.82+0.02−0.39)×5.34	0.72
6	基槽回填	m^3	3.23−0.27−0.72	2.24
7	砖墙	m^3	0.3×(0.39−0.02)×5.34	0.59
8	1:2.5 水泥砂浆找平	m^2	(0.3+5.34)×2×(0.39−0.02)+5.34×0.3	5.77
9	花岗石碎拼	m^2	(0.3+5.34)×2×0.39	4.40
10	花岗石压顶	m^2	(0.30+0.03×2)×(5.34+0.03×2)	1.94
11	余土外运	m^3	3.23−2.24×1.15	0.65

案例5 花坛

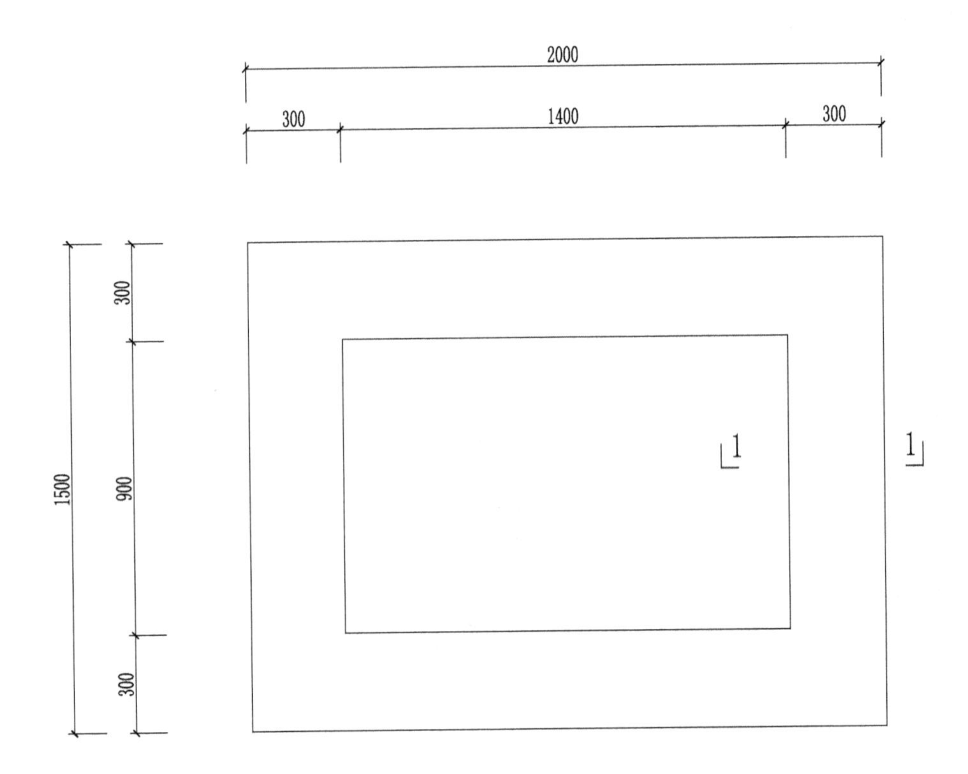
2000
300
1400
300
300
900
300
1500
1
1

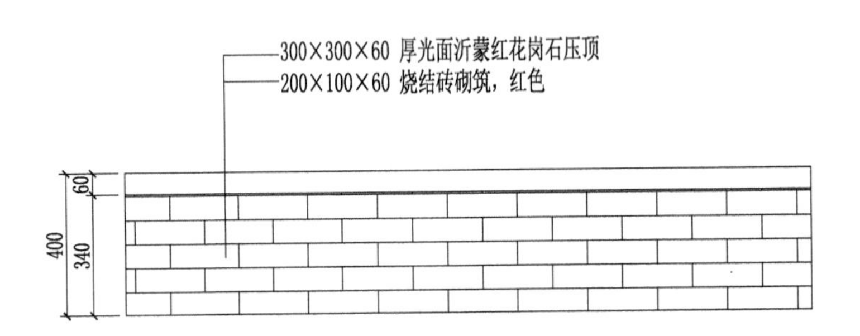
300×300×60 厚光面沂蒙红花岗石压顶
200×100×60 烧结砖砌筑，红色
60
400
340

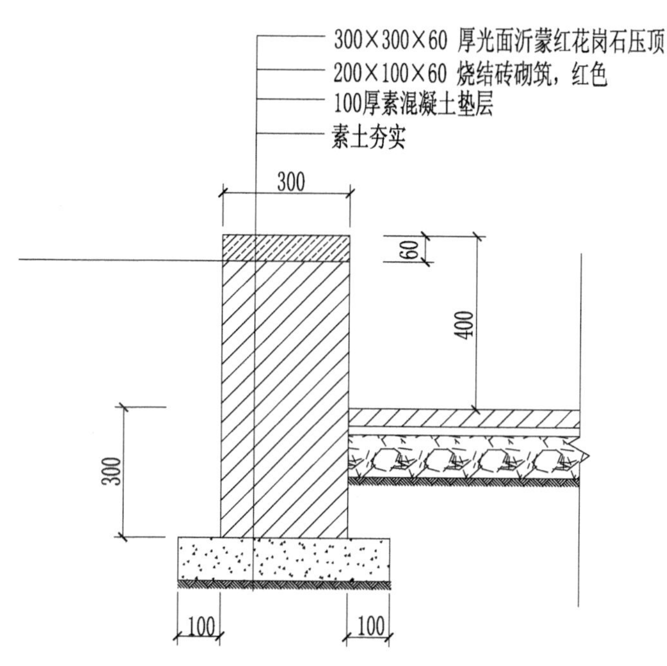

图 3-5 矩形花坛平立剖图

解析：混凝土垫层须支模板，工作面 300mm，结合该花坛平面图分析，如果按常规的沟槽处理，中间还留 100mm×600mm 不挖，那样施工反而不便。所以施工方案可以按挖基坑考虑。

在计算垫层、花池壁和花岗石压顶工程量时都用到了中心线，中心线长是(2－0.3＋1.5－0.3)×2＝5.8m。

表 3-11 矩形花坛计价表工程量

序号	分部分项工程名称	计量单位	工程量计算式	工程量
1	挖基坑	m^3	2.3×2.8×0.43	2.77
2	素土夯实	m^2	2.3×2.8	6.44
3	素混凝土垫层	m^3	0.5×0.1×(2－0.3＋1.5－0.3)×2	0.29
4	垫层模板	m^2	[(2＋0.2＋1.5＋0.2)×2＋(2－0.4×2＋1.5－2×0.4)×2]×0.1	1.16
5	烧结砖砌筑花池	m^3	0.3×(0.33＋0.4－0.06)×(2－0.3＋1.5－0.3)×2	1.17
6	回填土	m^3	2.77－0.29－0.3×0.33×(2－0.3＋1.5－0.3)×2	1.91
7	余土外运	m^3	2.77－1.91×1.15	0.57
8	花岗石压顶	m^2	0.3×(2－0.3＋1.5－0.3)×2	1.74
9	回填种植土	m^3	1.4×0.9×0.34	0.43

案例6 矩形水池

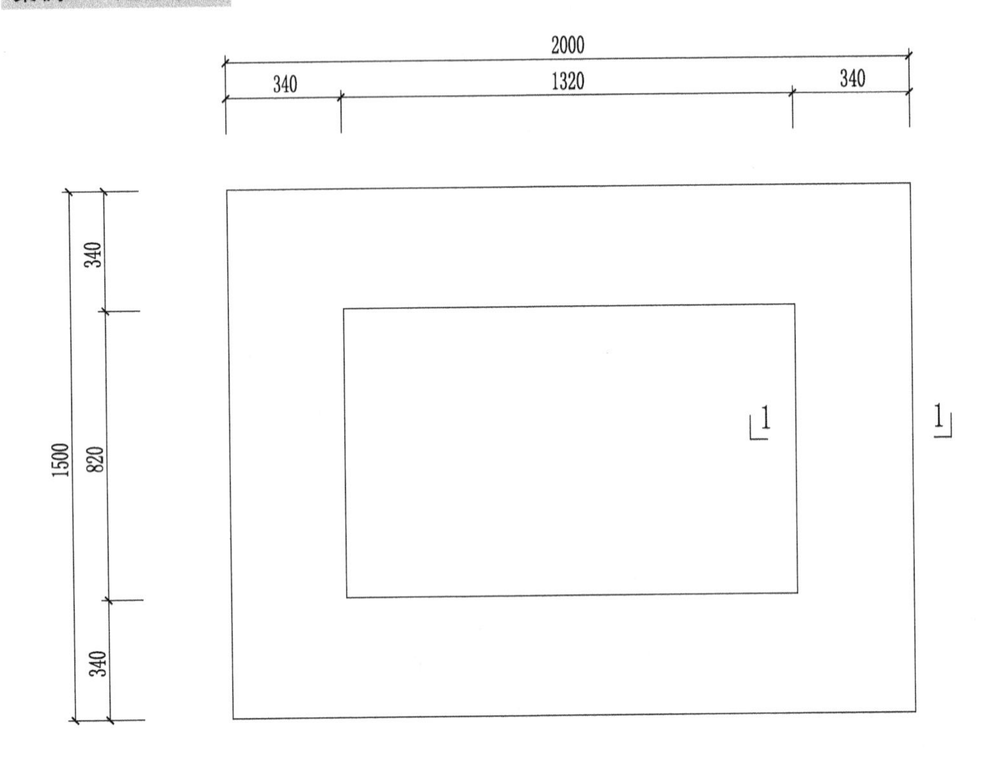

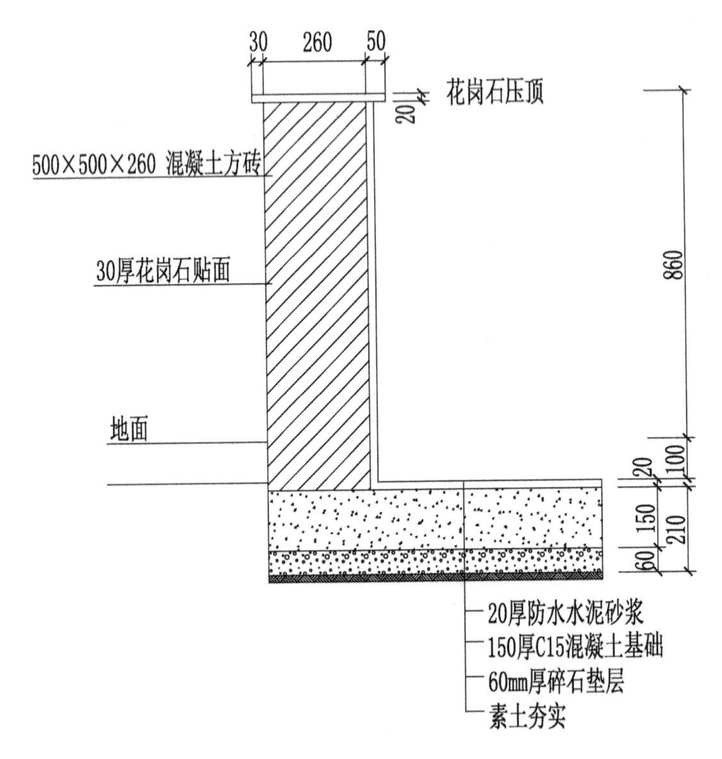

图 3-6 矩形水池

解析：首先明确该水池平面图是花岗石压顶的尺寸，而池壁的中心线与花岗石压顶是不重合的，所以应该先计算出该水池壁的平面尺寸，经计算该水池外壁长、宽分别是1940mm和1440mm，水池壁中心线长是(1.94－0.26＋1.44－0.26)×2＝5.72m。

计算基坑回填的时候注意，水池中与水池壁一样也是不需要回填土的，所以减去的是水池壁外侧所围合的体积，而不是仅仅减去水池壁的体积。

表 3-12　矩形水池计价表工程量

序号	分部分项工程名称	计量单位	工程量计算式	工程量
1	人工挖基坑	m^3	(1.94＋2×0.3)×(1.44＋2×0.3)×0.33	1.71
2	素土夯实	m^2	(1.94＋2×0.3)×(1.44＋2×0.3)	5.18
3	碎石垫层	m^3	1.94×1.44×0.06	0.17
4	C15 混凝土基础	m^3	1.94×1.44×0.15	0.42
5	基础模板	m^2	(1.94＋1.44)×2×0.15	1.01
6	水池壁	m^3	0.26×0.96×(1.94－0.26＋1.44－0.26)×2	1.43
7	回填土	m^3	1.71－1.94×1.44×0.33	0.79
8	余土外运	m^3	1.71－0.79×1.15	0.80
9	压顶	m^2	0.34×(2－0.34＋1.5－0.34)×2	1.92
10	防水水泥砂浆	m^2	(1.94－0.26×2)×(1.44－0.26×2)＋(1.94－2×0.26＋1.44－2×0.26)×2×0.94	5.71
11	花岗岩贴面	m^2	(1.94＋1.44)×2×0.84	5.68

案列 7　绿廊

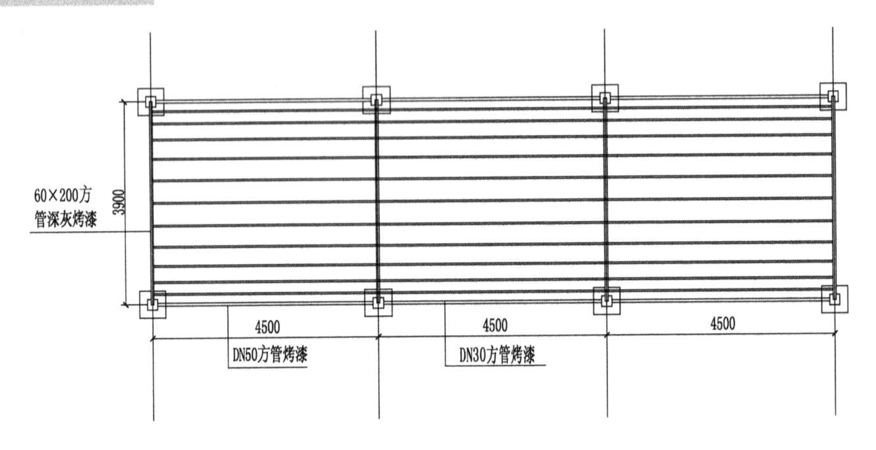
60×200方
管深灰烤漆
3900
4500
4500
4500
DN50方管烤漆
DN30方管烤漆

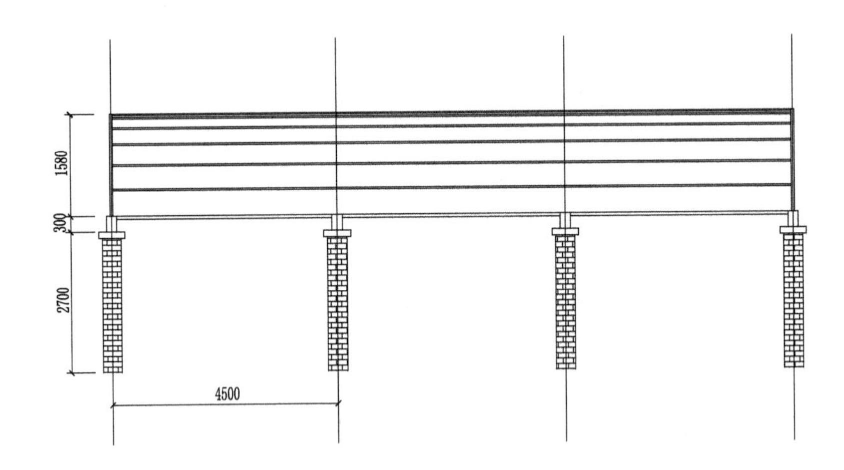
1580
300
2700
4500

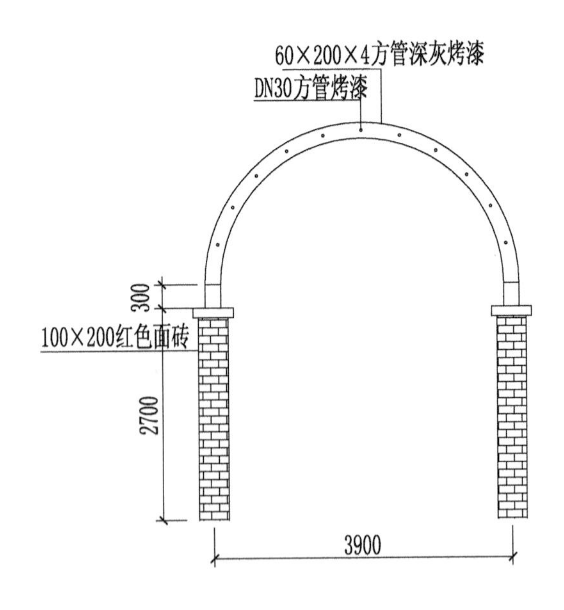
60×200×4方管深灰烤漆
DN30方管烤漆
300
100×200红色面砖
2700
3900

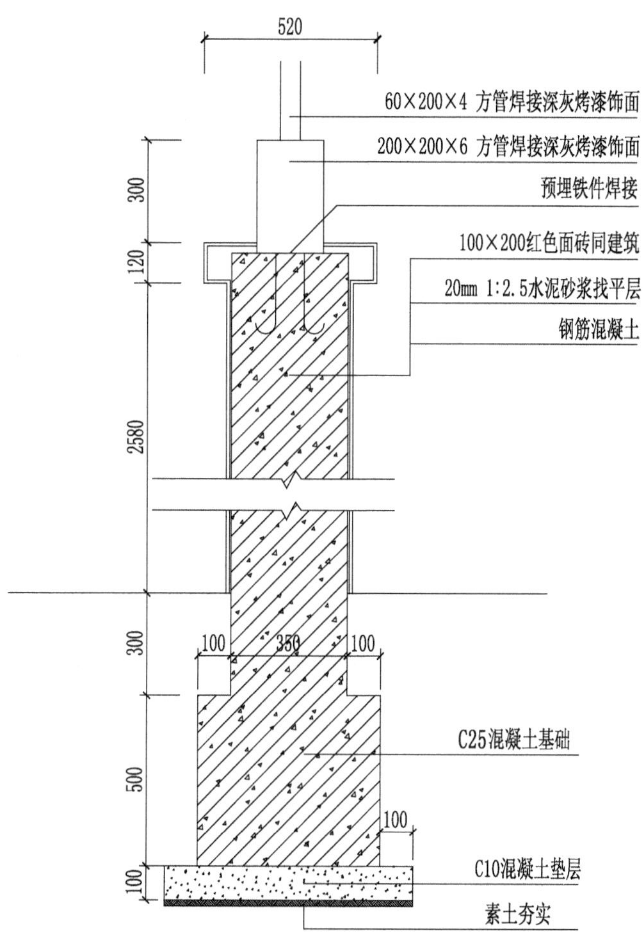

图 3-7 绿廊平立剖图

解析：从该绿廊顶平面图可以获知，该绿廊共有柱子 8 个，横向柱距 4500mm，纵向柱距 3900mm，200×200×6 方管 8 根，60×200×4 方管 4 根，DN50 方管 6 根，DN30 方管 11×3 根。

从该绿廊侧立面图可以知道，该绿廊柱高 2700mm，60×200 方管侧高 1580mm，结合正立面图，可以推测 60×200 的方管是一段圆弧，经计算 R＝1.99，圆心角＝78.49×2，弧长是 5.45m。

表 3-13 绿廊计价表工程量

序号	分部分项工程名称	计量单位	工程量计算式	工程量
1	人工挖基坑	m^3	(0.75＋2×0.3)×(0.75＋2×0.3)×0.9×8	13.12
2	素土夯实	m^2	(0.75＋2×0.3)×(0.75＋2×0.3)×8	14.58
3	C10 混凝土垫层	m^3	0.75×0.75×0.1×8	0.45
4	垫层模板	m^2	4×0.75×0.1×8	2.40
5	C25 混凝土基础	m^3	0.55×0.55×0.5×8	1.21
6	基础模板	m^2	4×0.55×0.5×8	8.80
7	基坑回填土	m^3	13.12－0.45－1.21－0.35×0.35×0.3×8	11.17

续表

序号	分部分项工程名称	计量单位	工程量计算式	工程量
8	余土外运	m^3	13.12－11.17×1.15	0.27
9	C30 现浇柱	m^3	0.35×0.35×(0.3＋2.58)×8	2.82
10	柱模板	m^2	4×0.35×(2.58＋0.3)×8	32.26
11	C25 混凝土压顶	m^3	0.48×0.48×0.08×8	0.15
12	压顶模板	m^2	(4×0.48×0.08＋0.48×0.48－0.35×0.35)×8	2.09
13	预埋件	个	8	8.00
14	200×200×6 方管安装	m	0.42×8	3.36
15	60×200×4 方管安装	m	5.45×4	21.80
16	DN30 方管安装	m	4.3×11×3	167.7
17	DN50 方管安装	m	4.3×6	25.80
18	找平层 20mm	m^2	(4×0.35×2.58＋4×0.48×0.08＋0.48×0.48＋0.48×0.48－0.35×0.35)×8	32.83
19	100×200 面砖	m^2	4×0.39×2.58×8	32.20

备注说明:金属构件应以重量来计算,本案例中为了让大家清晰地看懂每种金属管件的长度或数量而只计算至米或个。

案例 8 窨井

某住宅小区内砖砌排水窨井，计 10 座，如下图所示，深度 1.3m 的 6 座，1.6m 的 4 座，窨井底板为厚 100mm C10 混凝土，井壁为 M10 水泥砂浆砌厚 240 标准砖，底板 C20 细石混凝土找坡，平均厚度 30mm，壁内侧及底板粉 1∶2防水砂浆 20mm，铸铁井盖，排水管直径为 200mm，土为三类土。计算该 10 座窨井的相关工程量计价表。

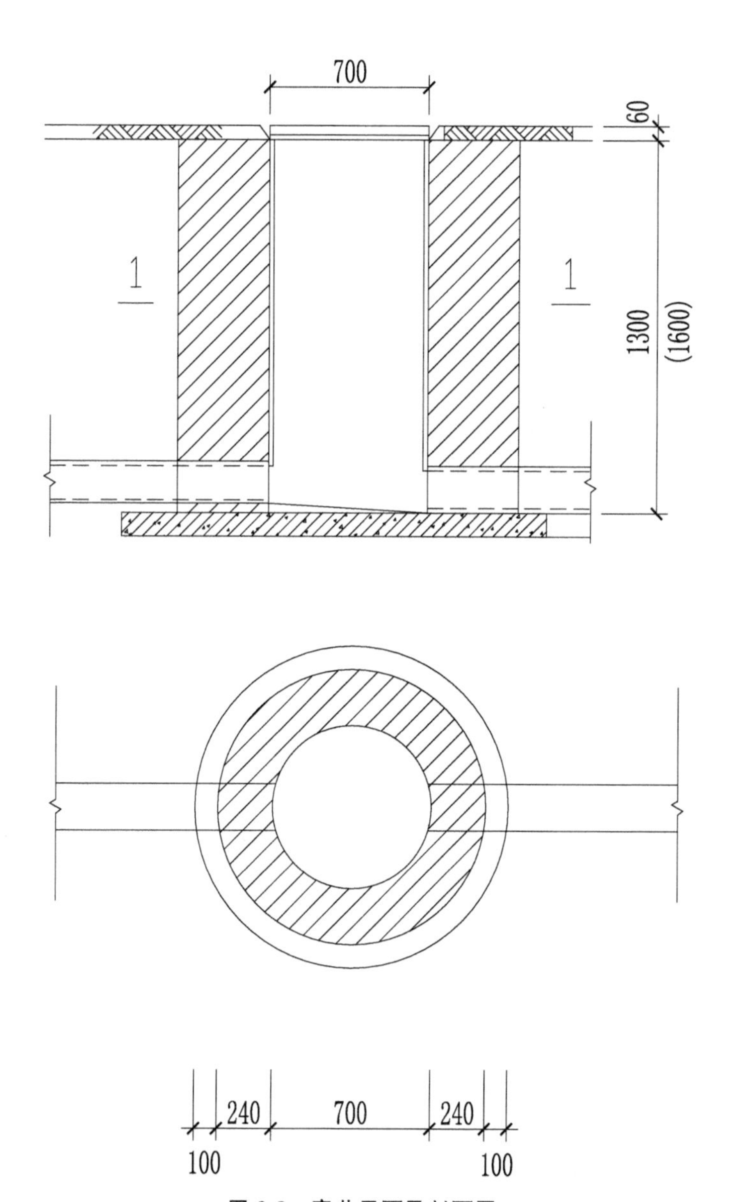

图 3-8 窨井平面及剖面图

解析：1.3m 深的窨井其挖土深度是 1.46m，不需要放坡。1.6m 深的窨井其挖土深度是 1.76m，三类土超过 1.5m 就需要放坡，查计价表，人工开挖放坡系数 k=0.33。放坡加工作面的圆柱形基坑计算公式：$V=1/3\times\pi H(R_1^2+R_2^2+R_1\times R_2)$，$R_1=R+C$，$R_2=R+C$

+kH。

排水管的直径是200mm，所以单个排水管的截面积是3.14×0.1×0.1≈0.03m²≤0.3m²，所以算砌筑工程量时无需扣除排水管的体积。

1.6m窨井砌筑高度超过1.5m，需计算脚手架。

表3-14 窨井工程量计价表

序号	分部分项工程名称	计量单位	工程量计算式	工程量
窨井(1.3m)				
1	人工挖基坑	m³	3.14×(0.69+0.3)×(0.69+0.3)×1.46×6	26.96
2	素土夯实	m²	3.14×(0.69+0.3)×(0.69+0.3)×6	18.47
3	钢筋混凝土底板	m³	3.14×0.69×0.69×0.1×6	0.90
4	底板模板	m²	2×3.14×0.69×0.1×6	2.60
5	窨井壁(M10水泥砂浆砌厚240标准砖)	m³	3.14×(0.59×0.59−0.35×0.35)×1.3×6	5.53
6	细石混凝土找坡(C20,厚30mm)	m²	3.14×0.35×0.35×6	2.31
7	防水砂浆(1:2防水砂浆)	m²	[3.14×0.35×0.35+2×3.14×0.35×(1.3−0.03)]×6	19.06
8	回填土	m³	26.96−0.9−3.14×0.59×0.59×1.36×6	17.14
9	余土外运	m³	26.96−17.14×1.15	7.25
10	井盖	套	6	6.00
窨井(1.6m)				
1	人工挖基坑	m³	1/3×3.14×1.76×[(0.69+0.3)×(0.69+0.3)+(0.69+0.3+0.33×1.76)×(0.69+0.3+0.33×1.76)+(0.69+0.3)×(0.69+0.3+0.33×1.76)]×4	36.86
2	素土夯实	m²	3.14×(0.69+0.3)×(0.69+0.3)×4	12.31
3	钢筋混凝土底板	m³	3.14×0.69×0.69×0.1×4	0.60
4	底板模板	m²	2×3.14×0.69×0.1×4	1.73
5	窨井壁(M10水泥砂浆砌厚240标准砖)	m³	3.14×(0.59×0.59−0.35×0.35)×1.6×4	4.53
6	细石混凝土找坡(C20,厚30mm)	m²	3.14×0.35×0.35×4	1.54
7	防水砂浆(1:2防水砂浆)	m²	[3.14×0.35×0.35+2×3.14×0.35×(1.6−0.03)]×4	15.34
8	回填土	m³	36.86−0.6−3.14×0.59×0.59×1.66×4	29.00
9	余土外运	m³	36.86−29×1.15	3.51
10	井盖	套	4	4.00
11	脚手架	m²	2×3.14×0.59×1.60×4	23.71

第四章 园林工程工程量清单计算

第一节 工程量清单概述

一、工程量清单及工程量清单计价的概念

1. 工程量清单

工程量清单是依据建设行政主管部门发布的统一工程量计算规则、统一项目划分、统一计量单位、统一编码并参照其发布的工料机消耗量标准编制构成工程实体的各分部分项，能提供标底和投标计价的工程量清单文本。

招标工程量清单是招标人依据国家标准、招标文件、设计文件以及施工现场实际情况编制的随招标文件发布供投标报价的工程量清单。招标工程量清单是工程量清单计价的基础，应作为编制招标控制价、投标报价、计算工程量、工程索赔等的依据之一。

已标价工程量清单是构成合同文件组成部分的投标文件中已标明价格，经算术性错误修正（如有）且承包人已确认的工程量清单，包括对其的说明和有关表格。

工程量清单是表现拟建工程的分部分项工程项目、措施项目、其他项目、规费项目和税金项目的名称及相应数量的明细清单，是一种用来表达工程计价项目的项目编码、项目名称和描述、单位、数量、综合单价、合价的表格。

根据中华人民共和国住房和城乡建设部与中华人民共和国国家质量监督检验检疫总局联合发布的国家标准《建设工程工程量清单计价规范》(GB50500－2013)，我国的工程量清单由分部分项工程量清单、措施项目清单、其他项目清单、规费项目清单和税金项目清单组成。

2. 工程量清单计价

工程量清单计价就是根据招标人提供工程量清单表格中的项目编码、项目名称和描述、单位、数量四个栏目，由投标人完成综合单价、合价两个栏目的计价。

工程量清单计价要求投标单位根据市场行情和自身实力对工程量清单项目逐项计价。工程量清单计价采用综合单价计价，综合单价中综合了完成一个规定计量单位的分部分项工程清单项目和措施清单项目所需的人工费、材料和工程设备费、施工机具使用费和企业管理费、利润以及一定范围内的风险费用。

二、分部分项工程清单

分部分项工程量清单应标明拟建工程的全部分项实体工程名称和相应数量。编制时应避免错项、漏项。分部分项工程量清单的内容应满足规范管理、方便管理的要求和计价行为的要求。为此，《建设工程工程量清单计价规范》对分部分项工程量清单的编制做出以下规定：

1. 分部分项工程量清单应载明项目编码、项目名称、项目特征、计量单位和工程量。

2. 分部分项工程量清单应根据相关工程现行国家计量规范规定的项目编码、项目名称、项目特征、计量单位和工程量计算规则进行编制。

三、措施项目清单

措施项目是指为完成工程项目施工，发生于该工程施工前和施工过程中的技术、生活、安全等方面的非工程实体项目。措施项目清单应根据相关工程现行国家计量规范的规定编制。措施项目清单应根据拟建工程的实际情况列项。

根据工程量清单现行计算规范，措施项目费分为单价措施项目与总价措施项目。

1. 单价措施项目是指在现行工程量清单计算规范中有对应工程量计算规则，按人工费、材料费、施工机具使用费、管理费和利润形式组成综合单价的措施项目。单价措施项目中各措施项目的工程量清单项目设置、项目特征、计量单位、工程量计算规则及工作内容均按工程量清单现行计算规范执行。

2. 总价措施项目是指在工程量清单现行计算规范中无工程量计算规则，以总价（或计算基础乘以费率）计算的措施项目。

四、其他项目清单

其他项目清单应按照下列内容列项：

1. 暂列金额：建设单位在工程量清单中暂定并包括在工程合同价款中的一笔款项。用于施工合同签订时尚未确定或者不可预见的所需材料、工程设备、服务的采购，施工中可能发生的工程变更、合同约定调整因素出现时的工程价款调整以及发生的索赔、现场签证确认等的费用。由建设单位根据工程特点，按有关计价规定估算；施工过程中由建设单位

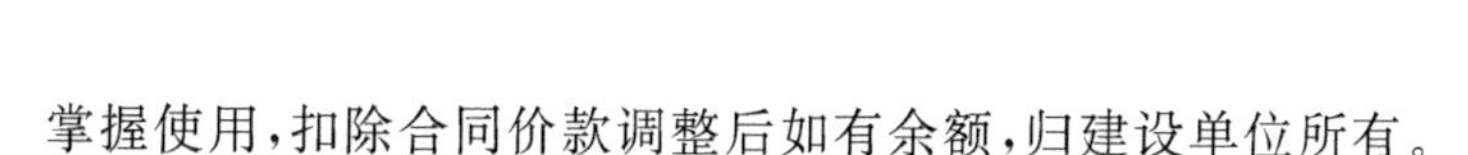
掌握使用，扣除合同价款调整后如有余额，归建设单位所有。

2. 暂估价：包括材料暂估单价、工程设备暂估单价、专业工程暂估价；建设单位在工程量清单中提供的用于支付必然发生但暂时不能确定价格的材料的单价以及专业工程的金额。材料暂估价在清单综合单价中考虑，不计入暂估价汇总。

3. 计日工：是指在施工过程中，施工企业完成建设单位提出的施工图示以外的零星项目或工作所需的费用。

4. 总承包服务费：是指总承包人为配合、协调建设单位进行的专业工程发包，对建设单位自行采购的材料、工程设备等进行保管以及施工现场管理、竣工资料汇总整理等服务所需的费用。总包服务范围由建设单位在招标文件中明示，并且发承包双方在施工合同中约定。

暂列金额应根据工程特点，按有关计价规定估算。暂估价中的材料、工程设备暂估价应根据工程造价信息或参照市场价格估算；专业工程暂估价应分不同专业，按有关计价规定估算。计日工应列出项目和数量。

五、规费

规费项目清单应按照下列内容列项：

1. 工程排污费：包括废气、污水、固体及危险废物和噪声排污费等内容。

2. 社会保障费：企业应为职工缴纳的养老保险、医疗保险、失业保险、工伤保险和生育保险等。

五项社会保障方面的费用。为确保施工企业各类从业人员的社会保障权益落到实处，省、市有关部门可根据实际情况制定管理办法。

3 住房公积金：企业应为职工缴纳的住房公积金。

六、税金

税金项目清单应包括下列内容：

1. 营业税：是指以产品销售或劳务取得的营业额为对象的税种。

2. 城市建设维护税：是为加强城市公共事业和公共设施的维护建设而开征的税，它以附加形式依附于营业税。

3. 教育费附加及地方教育费附加：是为发展地方教育事业，扩大教育经费来源而征收的税种。它以营业税的税额为计征基数。

第二节 园林小品分部分项工程量清单编制实例

案例1 树池

该小品清单工程量相关计算规则：挖沟槽土方按设计图示尺寸以基础垫层底面积乘以挖土深度计算。垫层按设计图示尺寸以体积计算。不扣除伸入承台基础的桩头所占体积。其中外墙基础垫层长度按外墙中心线长度计算，内墙基础垫层长度按内墙基础垫层净长计算。现浇混凝土其他构件按设计图示尺寸以体积计算；或以座计量，按设计图示数量计算。

基础回填按挖方清单项目工程量减去自然地坪以下埋设的基础体积（包括基础垫层及其他构筑物）。余方弃置按挖方清单项目工程量减去利用回填方体积（正数）计算。零星项目一般抹灰按设计图示尺寸以面积计算。抹灰面油漆按设计图示尺寸以面积计算。场地回填按回填面积乘以平均回填厚度计算。

表4-1 树池分部分项工程量清单

序号	项目编码	项目名称	项目特征描述	计量单位	工程量计算式	工程量
1	010101003001	挖沟槽土方	1. 土壤类别：三类土 2. 挖土深度：0.22m 3. 弃土运距：乙方自理	m^3	2×3.14×0.925×0.15×0.22	0.69
2	010501001001	垫层	1. 混凝土种类：自拌 2. 混凝土强度等级：C10	m^3	2×3.14×0.925×0.15×0.1	0.09
3	010507007001	树池壁	1. 构件的类型：树池壁 2. 混凝土种类：自拌 3. 混凝土强度等级：C20	m^3	2×3.14×0.925×0.15×0.45	0.39
4	010103001001	回填方	1. 密实度要求：0.96上 2. 填方来源、运距：乙方自理	m^3	0.1917－0.0871－2×3.14×0.925×0.15×0.12	0.5
5	010103002001	余方弃置	1. 运距：乙方自理	m^3	0.1917－0	0.19
6	011203001001	零星项目一般抹灰	1. 底层厚度、砂浆配合比：1∶2水泥砂浆	m^2	2×3.14×0.925×0.15＋2×3.14×1×0.33	2.94
7	011406001001	抹灰面油漆	1. 腻子种类：白水泥 2. 刮腻子遍数：2遍 3. 油漆品种、刷漆遍数：绿色外墙苯丙乳胶漆；2遍	m^2	2×3.14×0.925×0.15＋2×3.14×1×0.33	2.94
8	010103001002	回填种植土	1. 填方材料品种：种植土 2. 填方来源、运距：乙方自理	m^3	3.14×0.85×0.85×0.33	0.75

案例 2 双排柱花架

该小品清单工程量相关计算规则：挖基坑土方按设计图示尺寸以基础垫层底面积乘以挖土深度计算。垫层按设计图示尺寸以体积计算。不扣除伸入承台基础的桩头所占体积。其中外墙基础垫层长度按外墙中心线长度计算，内墙基础垫层长度按内墙基础垫层净长计算。独立基础按设计图示尺寸以体积计算。不扣除伸入承台基础的桩头所占体积。

基础回填按挖方清单项目工程量减去自然地坪以下埋设的基础体积（包括基础垫层及其他构筑物）。余方弃置按挖方清单项目工程量减去利用回填方体积（正数）计算。现浇混凝土花架柱按设计图示尺寸以体积计算。预制混凝土花架梁按设计图示尺寸以体积计算。预制混凝土花架条按设计图示尺寸以体积计算。柱面抹灰按设计图示柱断面周长乘以高度以面积计算。梁面抹灰按设计图示梁断面周长乘以长度以面积计算。抹灰面油漆按设计图示尺寸以面积计算。

表 4-2 双排柱花架分部分项工程量清单

序号	项目编码	项目名称	项目特征描述	计量单位	工程量计算式	工程量
1	010101004001	挖基坑土方	1. 土壤类别：三类土 2. 挖土深度：1.2m 3. 弃土运距：乙方自理	m^3	0.89×0.89×1.2×4	3.80
2	010501001001	垫层	1. 混凝土种类：自拌 2. 混凝土强度等级：C15	m^3	0.89×0.89×0.1×4	0.32
3	010501003001	独立基础	1. 混凝土种类：自拌 2. 混凝土强度等级：C25	m^3	(0.79×0.79×0.3+0.3×0.3×0.72)×4	1.01
4	010103001001	回填方	1. 密实度要求：0.96 上 2. 填方来源、运距：乙方自理	m^3	3.80−0.32−1.01−0.2×0.2×0.08×4	2.46
5	010103002001	余方弃置	1. 运距：乙方自理	m^3	3.80−2.46	1.34
6	050304001001	现浇混凝土花架柱	1. 混凝土强度等级：C30；自拌	m^3	0.2×0.2×2.68×4	0.43
7	050304002001	预制混凝土花架梁	1. 混凝土强度等级：C30	m^3	(1/2×(0.04+0.08)×0.2×2+(3.821−0.2×2)×0.08−6×0.06×0.04)×0.15×2	0.09
8	050304002002	预制混凝土花架条	1. 混凝土强度等级：C30	m^3	0.06×0.06×2.2×6	0.05
9	011202001001	柱、梁面一般抹灰	1. 面层厚度、砂浆配合比：混合砂浆 1∶0.5∶1	m^2	(0.2×4×2.68+0.2×0.2)×4+(0.06×0.06×2+4×0.06×2.2)×6+((1/2×(0.04+0.08)×0.2×2+(3.821−0.2×2)×0.08)×2+(3.821+2×0.04+2×0.204+3.821−2×0.02)×0.15)×2	15.56
10	011406001001	抹灰面油漆	1. 腻子种类：白水泥 2. 刮腻子遍数：满批 3 遍 3. 油漆品种、刷漆遍数：白色外墙苯并乳胶漆 2 遍	m^2	同上	15.56

案例3 园林坐凳

该小品清单工程量相关计算规则：挖基坑土方按设计图示尺寸以基础垫层底面积乘以挖土深度计算。独立基础按设计图示尺寸以体积计算。不扣除伸入承台基础的桩头所占体积。

基础回填按挖方清单项目工程量减去自然地坪以下埋设的基础体积(包括基础垫层及其他构筑物)。余方弃置按挖方清单项目工程量减去利用回填方体积(正数)计算。现浇混凝土其他构件以立方米计量，按设计图示尺寸以体积计算。不扣除单个面积≤300mm×300mm的孔洞所占体积，扣除烟道、垃圾道、通风道的孔洞所占体积；或以平方米计量，按设计图示尺寸以面积计算。不扣除单个面积≤300mm×300mm的孔洞所占面积；或以根计量，按设计图示尺寸以数量计算。现浇水磨石凳面按设计图示尺寸以面积计算。扣除凸出地面构筑物、设备基础、室内铁道、地沟等所占面积，不扣除间壁墙及≤0.3m^2柱、垛、附墙烟囱及孔洞所占面积。门洞、空圈、暖气包槽、壁龛的开口部分不增加面积。

表4-3 园林坐凳分部分项工程量清单

序号	项目编码	项目名称	项目特征描述	计量单位	工程量计算式	工程量
1	010101004001	挖基坑土方	1. 土壤类别：三类土 2. 弃土运距：乙方自理	m^3	0.36×0.28×0.4×4	0.16
2	010501003001	独立基础	1. 混凝土种类：自拌 2. 混凝土强度等级：C15	m^3	0.36×0.28×0.4－0.16×0.08×0.3	0.15
3	010103001001	回填方	1. 密实度要求：0.96上 2. 填方来源、运距：乙方自理	m^3	0.1613－0.36×0.28×0.4×4	0
4	010103002001	余方弃置	1. 运距：乙方自理	m^3	0.1613－0.36×0.28×0.4×4	0.16
5	010514002001	其他构件	1. 构件的类型：凳腿及凳面 2. 混凝土强度等级：自拌C25	m^3	(0.16×0.3＋0.26×0.3)×0.08×4＋0.45×0.08×4	0.18
6	011101002001	现浇水磨石凳面	1. 找平层厚度、砂浆配合比：5mm厚1∶2.5水泥砂浆找平 2. 面层厚度、水泥石子浆配合比：厚5mm 3. 油漆种类、颜色：彩色聚氨酯漆	m^2	0.45×4＋2×0.08×4	2.44

案例 4 园林景墙

该小品清单工程量相关计算规则：挖沟槽土方按设计图示尺寸以基础垫层底面积乘以挖土深度计算。垫层按设计图示尺寸以体积计算。不扣除伸入承台基础的桩头所占体积。其中外墙基础垫层长度按外墙中心线长度计算，内墙基础垫层长度按内墙基础垫层净长计算。砖基础按设计图示尺寸以体积计算。包括附墙垛基础宽出部分体积，扣除地梁（圈梁）、构造柱所占体积，不扣除基础大放脚T形接头处的重叠部分及嵌入基础内的钢筋、铁件、管道、基础砂浆防潮层和单个面积≤0.3m² 的孔洞所占体积，靠墙暖气沟的挑檐不增加。基础长度：外墙按外墙中心线，内墙按内墙净长线计算。

基础回填按挖方清单项目工程量减去自然地坪以下埋设的基础体积（包括基础垫层及其他构筑物）。余方弃置按挖方清单项目工程量减去利用回填方体积（正数）计算。实心砖墙按设计图示尺寸以体积计算。扣除门窗、洞口、嵌入墙内的钢筋混凝土柱、梁、圈梁、挑梁、过梁及凹进墙内的壁龛、管槽、暖气槽、消火栓箱所占体积，不扣除梁头、板头、檩头、垫木、木楞头、沿缘木、木砖、门窗走头、砖墙内加固钢筋、木筋、铁件、钢管及单个面积≤0.3m² 的孔洞所占的体积。凸出墙面的腰线、挑檐、压顶、窗台线、虎头砖、门窗套的体积亦不增加。凸出墙面的砖垛并入墙体体积内计算。外墙长按中心线长度计算，内墙按净长计算；外墙高度：斜（坡）屋面无檐口天棚者算至屋面板底；有屋架且室内外均有天棚者算至屋架下弦底另加200mm；无天棚者算至屋架下弦底另加300mm，出檐宽度超过600mm时按实砌高度计算；与钢筋混凝土楼板隔层者算至板顶。平屋顶算至钢筋混凝土板底。内墙高度：位于屋架下弦者，算至屋架下弦底；无屋架者算至天棚底另加100mm；有钢筋混凝土楼板隔层者算至楼板顶；有框架梁时算至梁底。女儿墙：从屋面板上表面算至女儿墙顶面（如有混凝土压顶时算至压顶下表面）。内、外山墙：按其平均高度计算。立面砂浆找平按设计图示尺寸以面积计算。扣除墙裙、门窗洞口及单个面积＞0.3m² 的孔洞面积，不扣除踢脚线、挂镜线和墙与构件交接处的面积，门窗洞口和孔洞的侧壁及顶面不增加面积。附墙柱、梁、垛、烟囱侧壁并入相应的墙面面积内。石材零星项目按镶贴表面积计算。碎拼石墙墙面按镶贴表面积计算。

表 4-4 景墙分部分项工程量清单

序号	项目编码	项目名称	项目特征描述	计量单位	工程量计算式	工程量
1	010101003001	挖沟槽土方	1. 土壤类别：三类土 2. 弃土运距：乙方自理	m³	0.5×(0.82+0.1+0.02−0.39)×5.34	1.47
2	010501001001	垫层	1. 混凝土种类：自拌 2. 混凝土强度等级：C10	m³	0.5×0.1×5.34	0.27

续表

序号	项目编码	项目名称	项目特征描述	计量单位	工程量计算式	工程量
3	010401001001	砖基础	1. 砖品种、规格、强度等级：烧结砖 2. 砂浆强度等级：混合 M7.5	m^3	0.3×（0.82＋0.02－0.39）×5.34	0.72
4	010103001001	回填方	1. 密实度要求：0.96 上 2. 填方来源、运距：乙方自理	m^3	1.47－0.27－0.72	0.48
5	010103002001	余方弃置	1. 运距：乙方自理	m^3	1.47－0.48	0.99
6	010401003001	实心砖墙	1. 砖品种、规格、强度等级：烧结砖 2. 墙体类型：弧形 3. 砂浆强度等级、配合比：混合 M7.5	m^3	0.3×(0.39－0.02)×5.3	0.59
7	011201004001	立面砂浆找平层	1. 找平层砂浆厚度、配合比：1∶2水泥砂浆	m^2	(0.3＋5.34)×2×(0.39－0.02)＋0.3×5.34	5.78
8	011206001001	石材零星项目	1. 安装方式：水泥砂浆粘贴 2. 面层材料品种、规格、颜色：360×500×60 万年青光面花岗岩	m^2	0.36×5.34	1.92
9	011204002001	拼碎石材墙面	1. 墙体类型：弧形 2. 安装方式：水泥砂浆粘贴 3. 面层材料品种、规格、颜色：20 厚 50－80 红、黑光面花岗岩	m^2	(0.3＋5.34)×2×(0.39－0.02)	4.17

案例5 花坛

该小品清单工程量相关计算规则：挖沟槽土方按设计图示尺寸以基础垫层底面积乘以挖土深度计算。垫层按设计图示尺寸以体积计算，不扣除伸入承台基础的桩头所占体积。其中外墙基础垫层长度按外墙中心线长度计算，内墙基础垫层长度按内墙基础垫层净长计算。砖基础按设计图示尺寸以体积计算，不扣除伸入承台基础的桩头所占体积。其中外墙基础垫层长度按外墙中心线长度计算，内墙基础垫层长度按内墙基础垫层净长计算。基础回填按设计图示尺寸以体积计算，按挖方清单项目工程量减去自然地坪以下埋设的基础体积（包括基础垫层及其他构筑物）。余方弃置按挖方清单项目工程量减去利用回填方体积（正数）计算。零星砌砖以立方米计量，按设计图示尺寸截面积乘以长度计算。石材零星项目按设计图示尺寸以面积计算。场地回填按设计图示尺寸以体积计算，按回填面积乘以平均回填厚度。

表4-5 花坛分部分项工程量清单

序号	项目编码	项目名称	项目特征描述	计量单位	工程量计算式	工程量
1	010101003001	挖沟槽土方	1. 土壤类别：三类土 2. 弃土运距：乙方自理	m^3	(2−0.3+1.5−0.3)×2×0.43×0.5	1.25
2	010501001001	垫层	1. 混凝土种类：自拌 2. 混凝土强度等级：C10	m^3	0.5×0.1×(2−0.3+1.5−0.3)×2	0.29
3	010401001001	砖基础	1. 砖品种、规格、强度等级：200×100×60红色烧结砖 2. 基础类型：带型 3. 砂浆强度等级：混合M5.0	m^3	(2−0.3+1.5−0.3)×2×0.3×0.33	0.57
4	010103001001	回填方	1. 密实度要求：0.96上 2. 填方来源、运距：乙方自理	m^3	1.25−0.29−0.57	0.39
5	010103002001	余方弃置	1. 运距：乙方自理	m^3	1.25−0.39	0.86
6	010401012001	零星砌砖	1. 零星砌砖名称、部位：花坛 2. 砖品种、规格、强度等级：200×100×60红色烧结砖 3. 砂浆强度等级、配合比：混合M5.0	m^3	(2−0.3+1.5−0.3)×2×0.3×0.34	0.59
7	011108001001	石材零星项目	1. 工程部位：花坛压顶 2. 贴结合层厚度、材料种类：1:3水泥砂浆 3. 面层材料品种、规格、颜色：300×300×60光面沂蒙红花岗岩	m^2	(2−0.3+1.5−0.3)×2×0.3	1.74
8	010103001002	回填方	1. 填方材料品种：种植土 2. 填方来源、运距：乙方自理	m^3	1.4×0.9×0.67	0.84

案例6　矩形水池

该小品清单工程量相关计算规则：挖基坑土方按设计图示尺寸以基础垫层底面积乘以挖土深度计算。垫层按设计图示尺寸以立方米计算。其中外墙基础垫层长度按外墙中心线长度计算，内墙基础垫层长度按内墙基础垫层净长计算。独立基础按设计图示尺寸以体积计算，不扣除伸入承台基础的桩头所占体积。砖基础按设计图示尺寸以体积计算，包括附墙垛基础宽出部分体积，扣除地梁（圈梁）、构造柱所占体积，不扣除基础大放脚T形接头处的重叠部分及嵌入基础内的钢筋、铁件、管道、基础砂浆防潮层和单个面积≤0.3m² 的孔洞所占体积，靠墙暖气沟的挑檐不增加。基础长度：外墙按外墙中心线，内墙按内墙净长线计算。基础回填按挖方清单项目工程量减去自然地坪以下埋设的基础体积（包括基础垫层及其他构筑物）。余方弃置按挖方清单项目工程量减去利用回填方体积（正数）计算。零星砌砖以立方米计量，按设计图示尺寸截面积乘以长度计算。石材零星项目按镶贴表面积计算。石材墙面按镶贴表面积计算。墙面砂浆防水按设计图示尺寸以面积计算。

表4-6　双排柱花架矩形水池分部分项工程量清单

序号	项目编码	项目名称	项目特征描述	计量单位	工程量计算式	工程量
1	010101004001	挖基坑土方	1. 土壤类别：三类土 2. 弃土运距：乙方自理	m³	1.94×1.44×0.33	0.92
2	010404001001	垫层	1. 垫层材料种类、配合比、厚度：碎石	m³	1.94×1.44×0.06	0.17
3	010501003001	独立基础	1. 混凝土种类：自拌 2. 混凝土强度等级：C15	m³	1.94×1.44×0.15	0.42
4	010401001001	砖基础	1. 砖品种、规格、强度等级：500×500×260 混凝土方砖 2. 基础类型：带型 3. 砂浆强度等级：混合 M7.5	m³	0.26×0.12×(1.94－0.26＋1.44－0.26)×2	0.18
5	010103001001	回填方	1. 密实度要求：0.96 上 2. 填方来源、运距：乙方自理	m³	0.9219－1.94×1.44×0.33	0
6	010103002001	余方弃置	1. 运距：乙方自理	m³	0.9219－0	0.92
7	010401012001	零星砌砖	1. 零星砌砖名称、部位：水池壁 2. 砖品种、规格、强度等级：500×500×260 混凝土方砖 3. 砂浆强度等级、配合比：混合 M7.5	m³	(1.94－0.26＋1.44－0.26)×2×(0.86－0.02)	4.80
8	011206001001	石材零星项目	1. 面层材料品种、规格、颜色：花岗岩	m²	(2－0.34＋1.5－0.34)×0.34	0.96
9	011204001001	石材墙面	1. 面层材料品种、规格、颜色：厚30花岗岩	m²	(1.94＋1.44)×2×(0.86－0.02)	5.68
10	010903003001	墙面砂浆防水(防潮)	1. 防水层做法：20防水水泥砂浆	m²	1.42×0.92＋(1.42＋0.92)×2×(0.1＋0.82－0.02)	5.52

案例 7 绿廊

该小品清单工程量相关计算规则:挖基坑土方按设计图示尺寸以基础垫层底面积乘以挖土深度计算。混凝土垫层按设计图示尺寸以体积计算,不扣除伸入承台基础的桩头所占体积。其中外墙基础垫层长度按外墙中心线长度计算,内墙基础垫层长度按内墙基础垫层净长计算。混凝土独立基础按设计图示尺寸以体积计算,不扣除伸入承台基础的桩头所占体积。基础回填按挖方清单项目工程量减去自然地坪以下埋设的基础体积(包括基础垫层及其他构筑物)。余方弃置按挖方清单项目工程量减去利用回填方体积(正数)计算。现浇混凝土矩形柱按设计图示尺寸以体积计算。混凝土压顶以立方米计量,按设计图示尺寸以体积计算。砂浆找平层按设计图示尺寸以面积计算。预埋铁件按设计图示尺寸以质量计算。金属花架柱、梁按设计图示尺寸以质量计算。块料柱面按镶贴表面积计算。

表 4-7 绿廊分部分项工程量清单

序号	项目编码	项目名称	项目特征描述	计量单位	工程量计算式	工程量
1	010101004001	挖基坑土方	1. 土壤类别:三类土 2. 弃土运距:乙方自理	m^3	0.75×0.75×0.9×8	4.05
2	010501001001	垫层	1. 混凝土种类:自拌 2. 混凝土强度等级:C10	m^3	0.75×0.75×0.1×8	0.45
3	010501003001	独立基础	1. 混凝土种类:自拌 2. 混凝土强度等级:C15	m^3	(0.55×0.55×0.5+0.35×0.35×0.3)×8	1.5
4	010103001001	回填方	1. 密实度要求:0.96 上 2. 填方来源、运距:乙方自理	m^3	4.05−0.45−1.5	2.1
5	010103002001	余方弃置	1. 运距:乙方自理	m^3	4.05−2.1	1.95
6	010502001001	矩形柱	1. 混凝土种类:自拌 2. 混凝土强度等级:C20	m^3	0.35×0.35×2.58×8	2.53
7	010507005001	扶手、压顶	1. 混凝土种类:自拌 2. 混凝土强度等级:C20	m^3	0.52×0.52×0.12×8	0.26
8	011101006001	平面砂浆找平层	1. 找平层厚度、砂浆配合比:1:2水泥砂浆 10 厚	m^2	(4×0.35×2.58+0.5×4×0.1+0.5×0.5+0.5×0.5−0.37×0.37)×8	33.4
9	010516002001	预埋铁件	1. 规格:350×350×20	t	(157×0.35×0.35+(6.25×0.01+0.3)×2×0.617)×8/1000	0.157
10	050304003001	金属花架柱、梁	1. 油漆品种、刷漆遍数:深灰烤漆饰面 2 道,防绣漆 1 道。	t	0.4×0.038×8+5.45×4×0.016+(4.5−0.2)×13×3×1.58/1000+(4.5−0.2)×6×2.93/1000	0.811
11	011205002001	块料柱面	1. 面层材料品种、规格、颜色:100×200 红色面砖	m^2	0.37×4×2.57×8	30.43

案例8　窨井

该小品清单工程量相关计算规则:挖基坑土方按设计图示尺寸以基础垫层底面积乘以挖土深度计算。混凝土垫层按设计图示尺寸以体积计算,不扣除伸入承台基础的桩头所占体积。其中外墙基础垫层长度按外墙中心线长度计算,内墙基础垫层长度按内墙基础垫层净长计算。砖砌井按设计图示数量计算。基础回填按挖方清单项目工程量减去自然地坪以下埋设的基础体积(包括基础垫层及其他构筑物)。余方弃置按挖方清按设计图示尺寸以面积计算,扣除凸出地面构筑物、设备基础、室内铁道、地沟等所占面积,不扣除间壁墙及≤0.3m²柱、垛、附墙烟囱及孔洞所占面积。门洞、空圈、暖气包槽、壁龛的开口部分不增加面积。单项目工程量减去利用回填方体积(正数)计算。细石混凝土找平按设计图示尺寸以面积计算,扣除凸出地面构筑物、设备基础、室内铁道、地沟等所占面积,不扣除间壁墙及≤0.3m² 柱、垛、附墙烟囱及孔洞所占面积。门洞、空圈、暖气包槽、壁龛的开口部分不增加面积。砂浆防水按设计图示尺寸以面积计算。铸铁窨井盖按设计图示数量计算。

表4-8　窨井分部分项工程量清单

序号	项目编码	项目名称	项目特征描述	计量单位	工程量计算式	工程量
1.3m窨井						
1	010101004001	挖基坑土方	1. 土壤类别:三类土 2. 弃土运距:乙方自理	m³	3.14×0.69×0.69×1.46×6	
2	010501001001	垫层	1. 混凝土种类:自拌 2. 混凝土强度等级:C10	m³	3.14×0.69×0.69×0.1×6	0.9
3	040504001001	砌筑井	1. 砌筑材料品种、规格、强度等级:标准砖 2. 砂浆强度等级、配合比:M10水泥砂浆	座	6	6
4	010103001001	回填方	1. 密实度要求:0.96上 2. 填方来源、运距:乙方自理	m³	13.1−0.9−3.14×0.59×0.59×1.36×6	3.28
5	010103002001	余方弃置	1. 运距:乙方自理	m³	13.1−3.28	9.82
6	011101003001	细石混凝土找平	1. 找平层厚度、砂浆配合比:30mm 2. 面层厚度、混凝土强度等级:C20	m²	3.14×0.35×0.35×6	2.31
7	010903003001	砂浆防水	1. 防水层做法:1∶2防水砂浆	m²	(3.14×0.35×0.35+2×3.14×0.35×(1.3−0.03))×6	19.06
8	040502001001	铸铁窨井盖	1. 材质及规格:铸铁	套	6	6
1.6m窨井						
9	010101004003	挖基坑土方	1. 土壤类别:三类土 2. 弃土运距:乙方自理	m³	3.14×0.69×0.69×1.76×4	10.52

续表

序号	项目编码	项目名称	项目特征描述	计量单位	工程量计算式	工程量
10	010501001003	垫层	1. 混凝土种类：自拌 2. 混凝土强度等级：C10	m^3	3.14×0.69×0.69×0.1×4	0.6
11	040504001003	砌筑井	1. 砌筑材料品种、规格、强度等级：标准砖 2. 砂浆强度等级、配合比：M10 水泥砂浆	座	4	4
12	010103001003	回填方	1. 密实度要求：0.96 上 2. 填方来源、运距：乙方自理	m^3	10.52－0.6－3.14×0.59×0.59×1.66×4	2.66
13	010103002003	余方弃置	1. 运距：乙方自理	m^3	10.52－2.66	7.86
14	011101003003	细石混凝土找平	1. 找平层厚度、砂浆配合比：30mm 2. 面层厚度、混凝土强度等级：C20	m^2	3.14×0.35×0.35×4	1.54
15	010903003003	砂浆防水	1. 防水层做法：1:2防水砂浆	m^2	(3.14×0.35×0.35＋2×3.14×0.35×(1.6－0.03))×4	15.34
16	040502001003	铸铁窨井盖	1. 材质及规格：铸铁	套	4	4

第五章 园林工程工程量清单计价实例

小游园

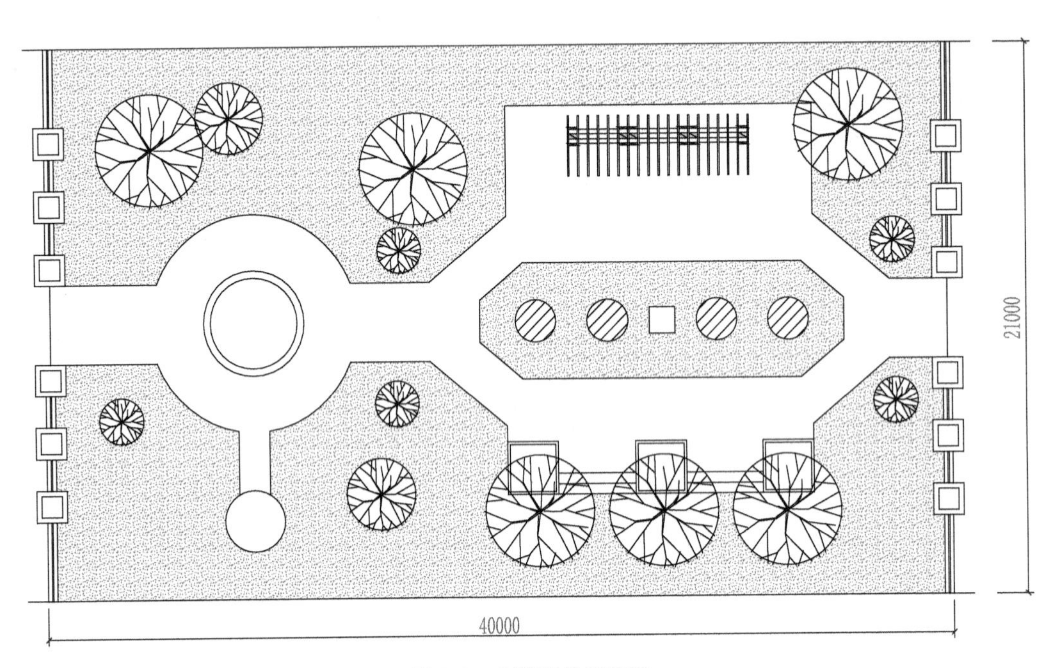

图 5-1 小游园总平面图

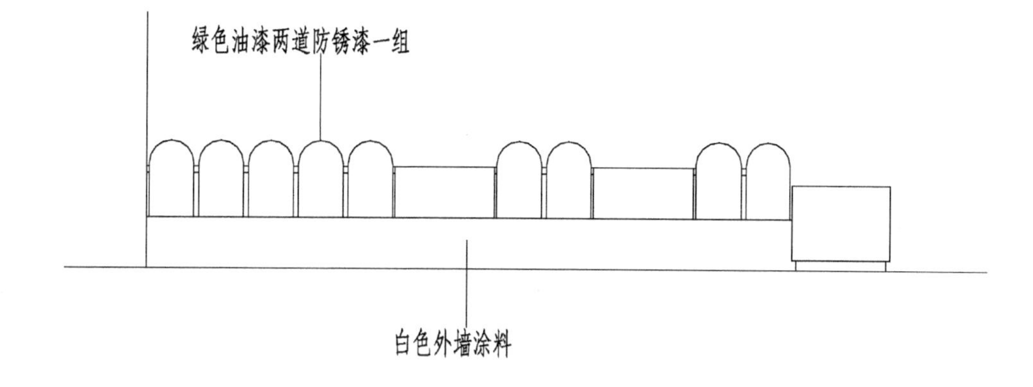

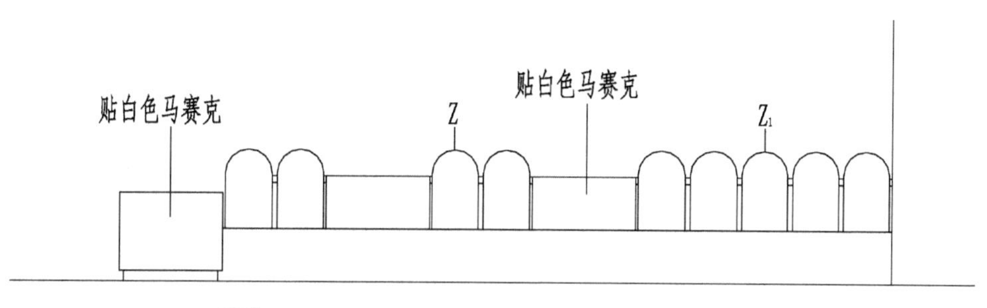

说明：

1. 尺寸单位：标高为米，其他均为毫米。
2. ±0.000以路面标高为准。
3. 种植池采用C10混凝土现浇。

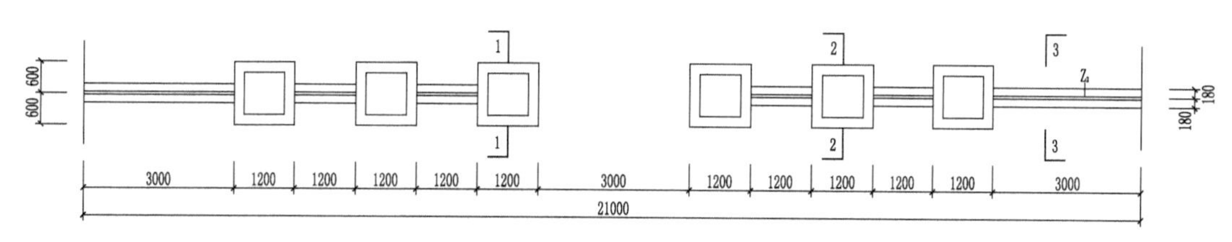

图 5-2　小游园入口立面和平面图

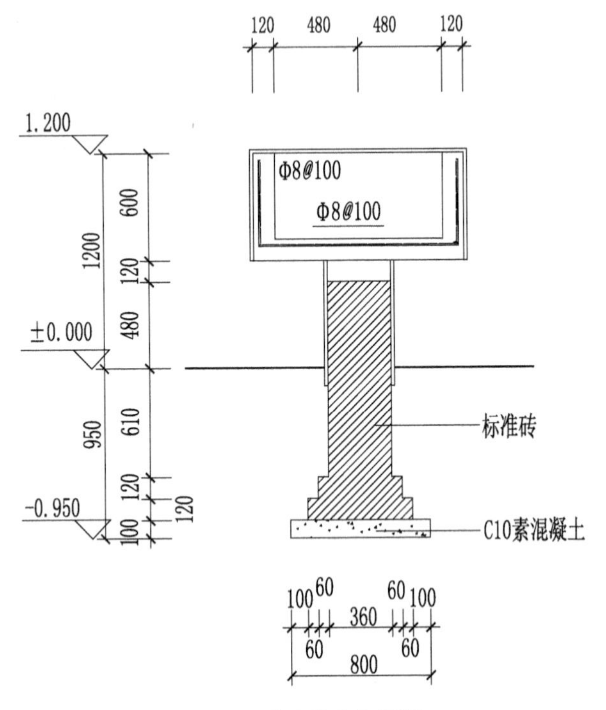

图 5-3　高式花台剖面图

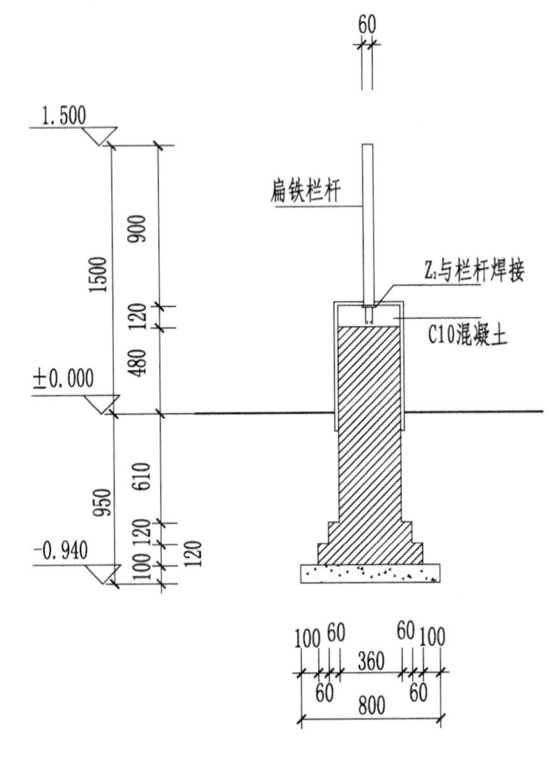

图 5-4　高式花墙剖面图

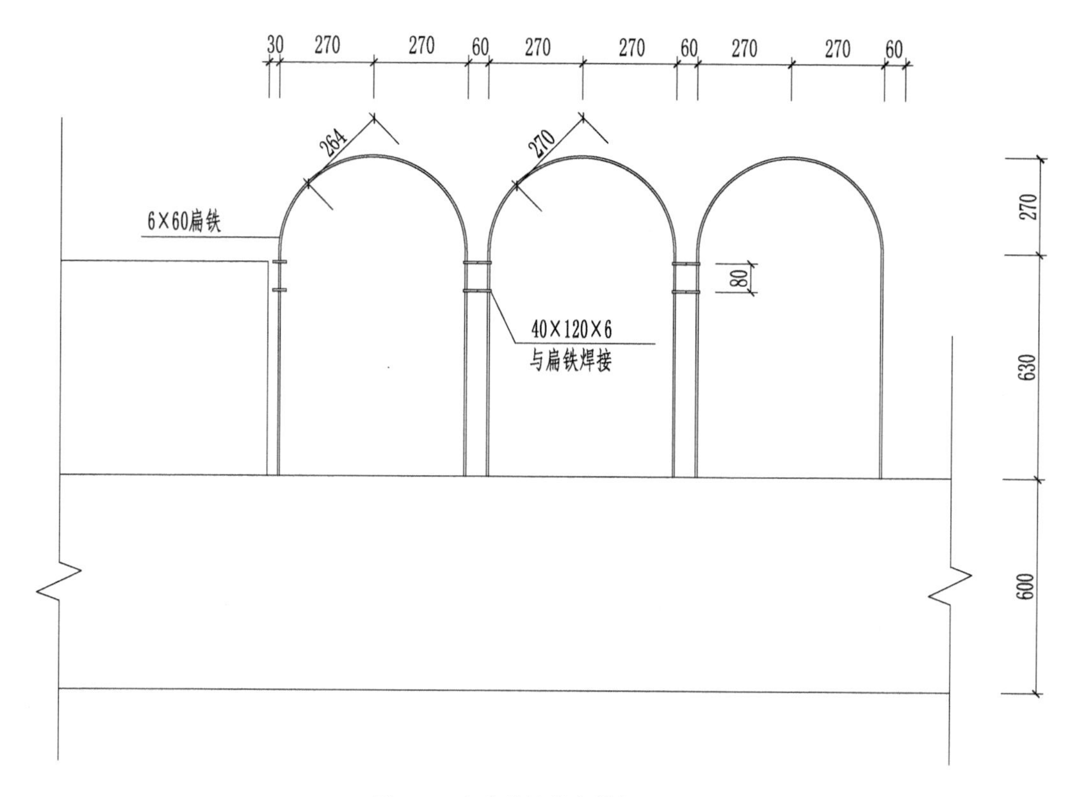

图 5-5 高式花墙花台栏杆立面图

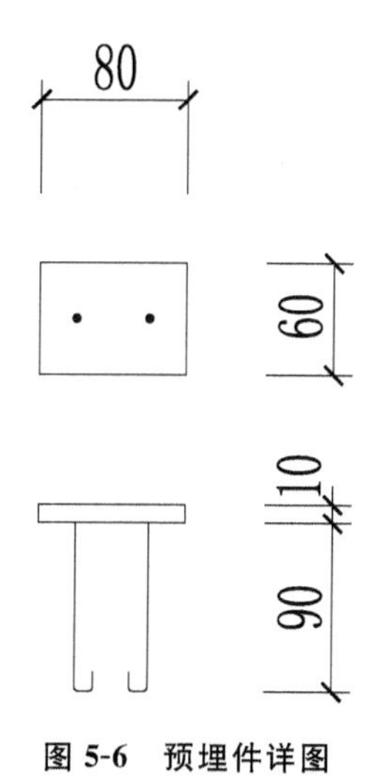

图 5-6 预埋件详图

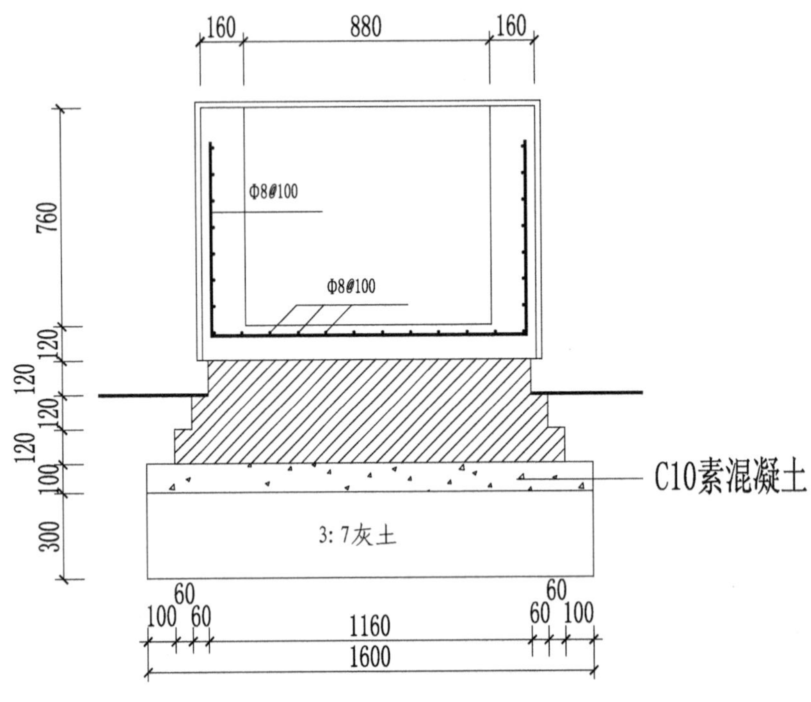
160
880
160
760
Φ8@100
Φ8@100
120
120
120
120
100
300
C10素混凝土
3:7灰土
60
60
100
60
1160
60
100
1600

图 5-7 矮式花坛剖面图

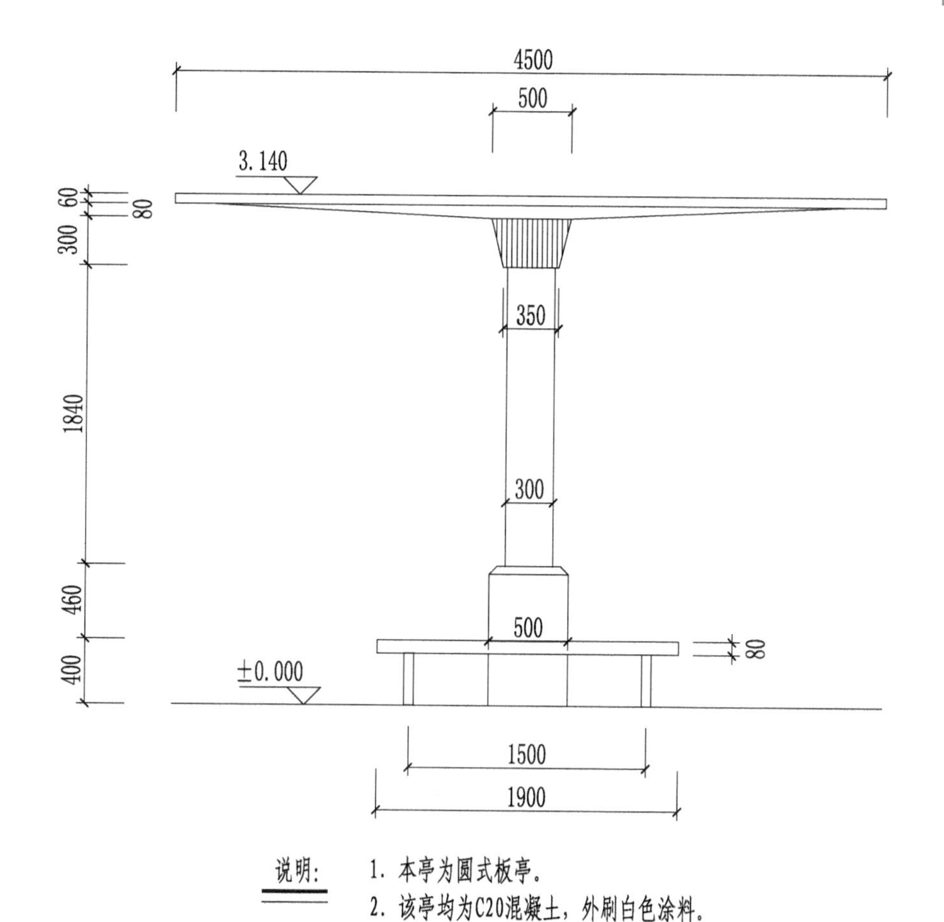

说明：

1. 本亭为圆式板亭。
2. 该亭均为C20混凝土，外刷白色涂料。
3. 坐凳高为400mm，厚80mm。
4. 坐凳为圆环式，坐凳面宽400mm。

图 5-8 圆式板亭立面图

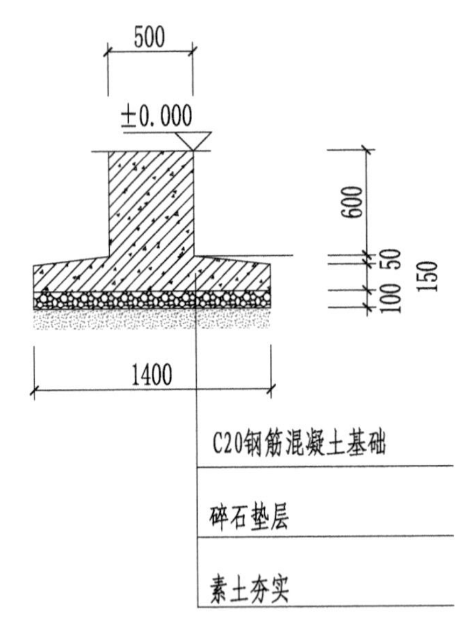

图 5-9 圆式板亭基础剖面图

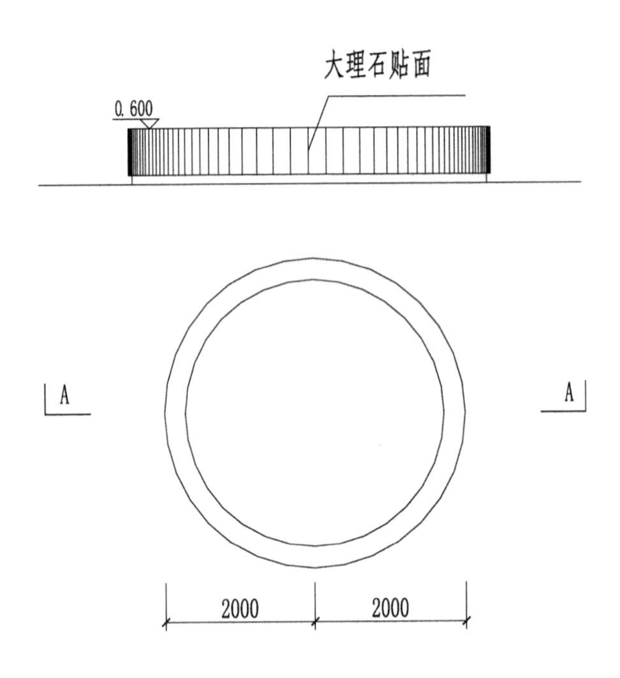

说明：
1. 尺寸单位：平面为毫米，标高为米。
2. 花坛采用C10混凝土现浇，外贴瓷砖面。
3. ±0.000以路面标高为准。

图 5-10 圆形花坛立面及平面图

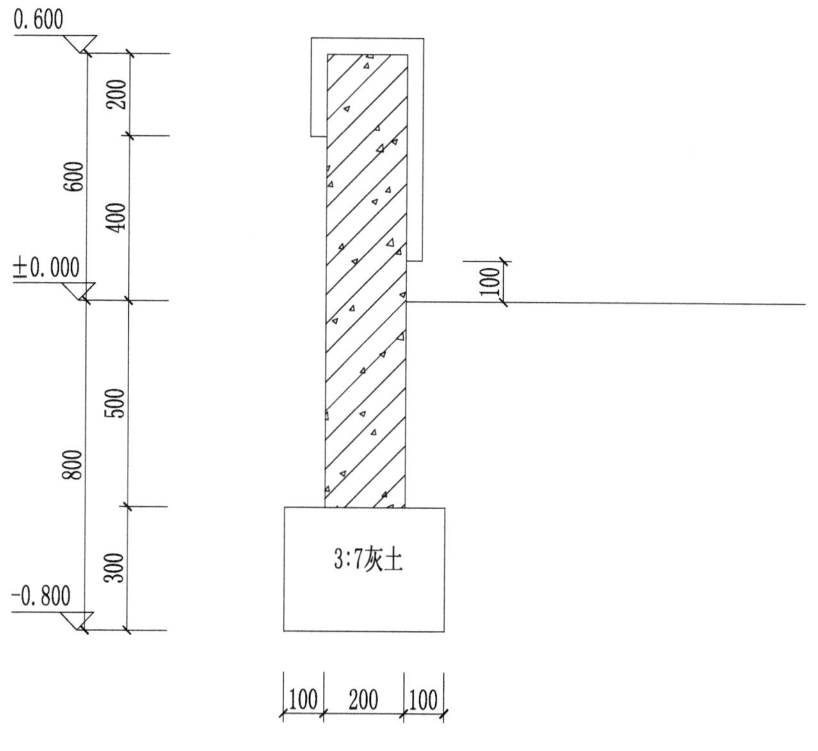

图 5-11 圆形花坛剖面图

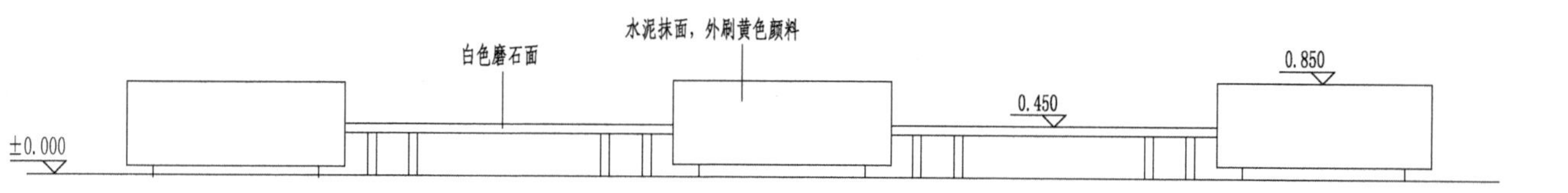

图 5-12 连座花坛立面图

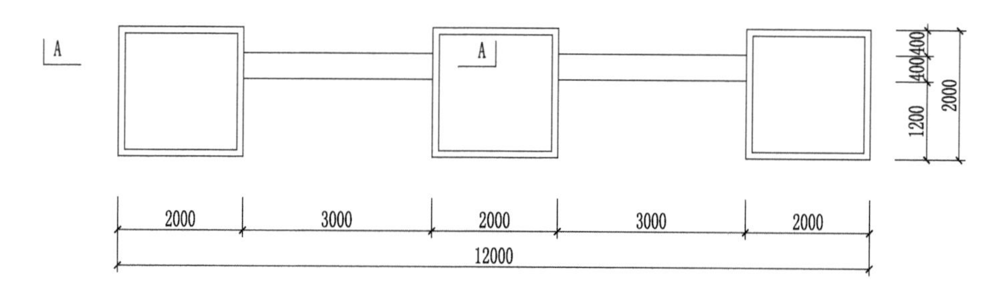

图 5-12 连座花坛平面图

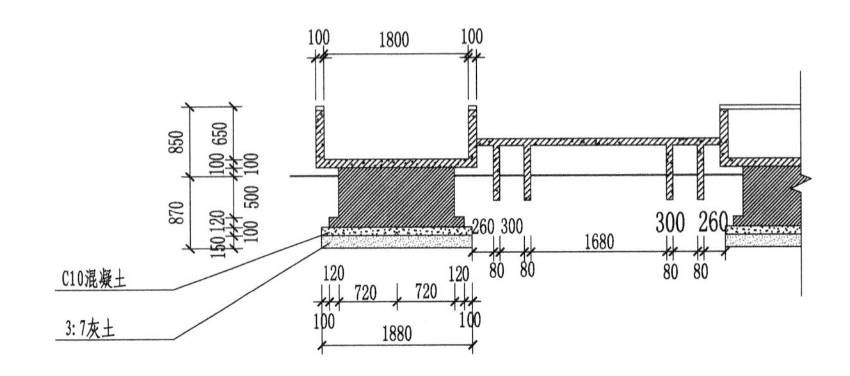

图 5-13　连座花坛剖面图

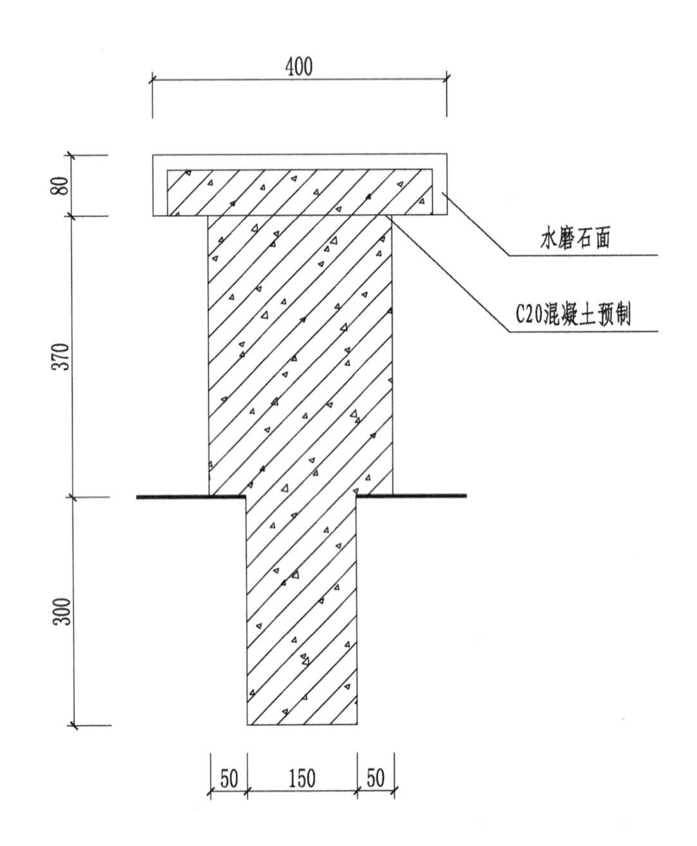

图 5-14　连座花坛坐凳剖面图

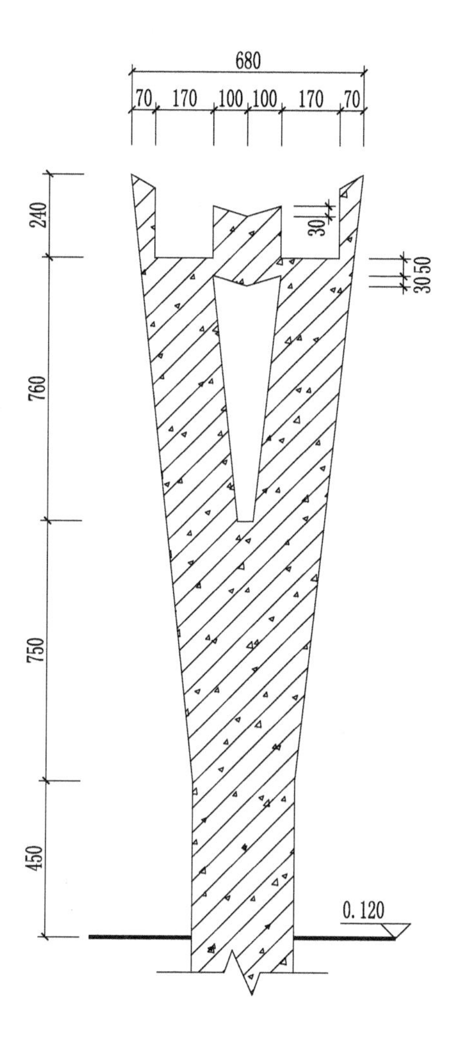

图 5-15 花架柱立面图

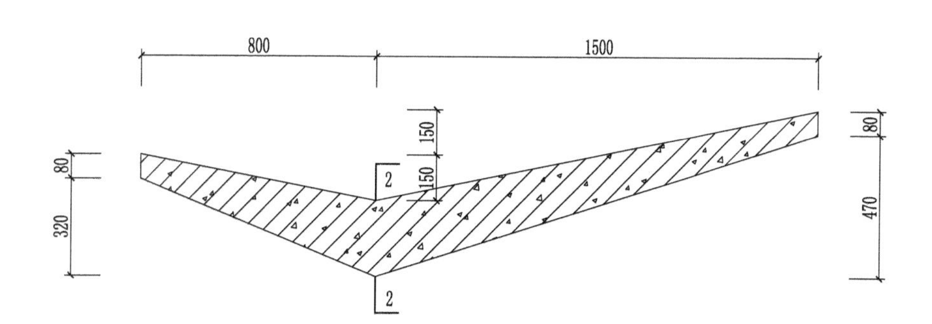

图 5-16 花架条立面图

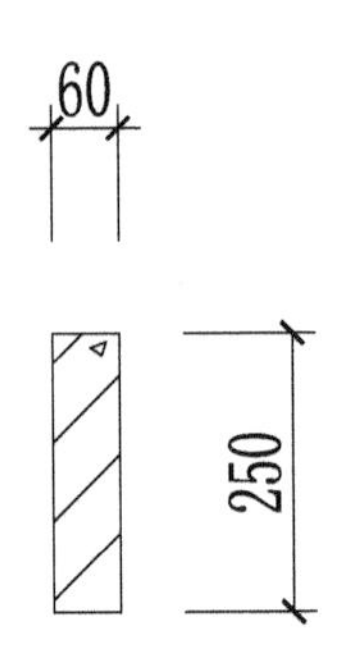

图 5-17 花架条剖面图

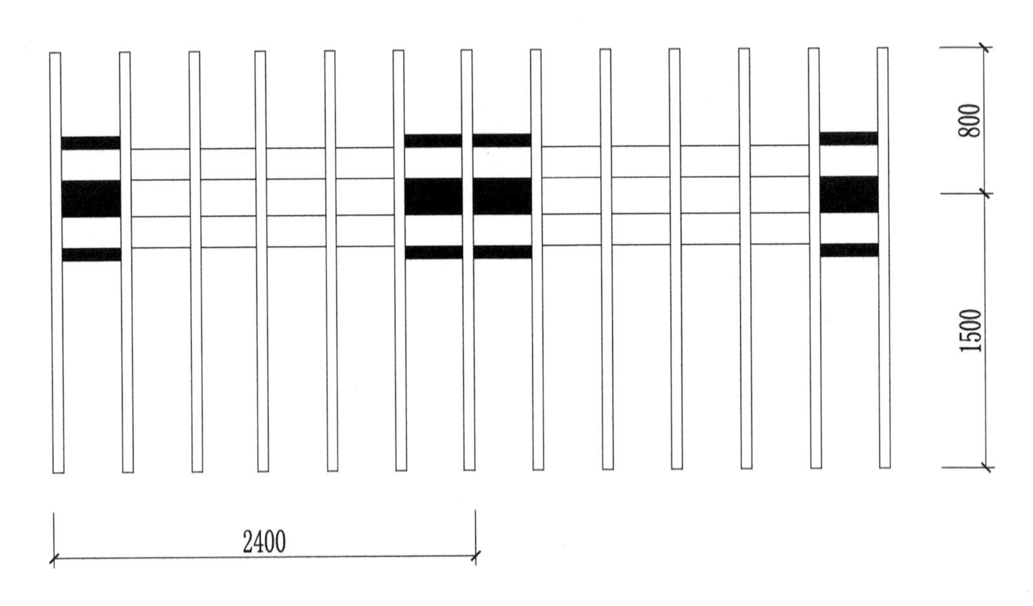

图 5-18 花架平面图

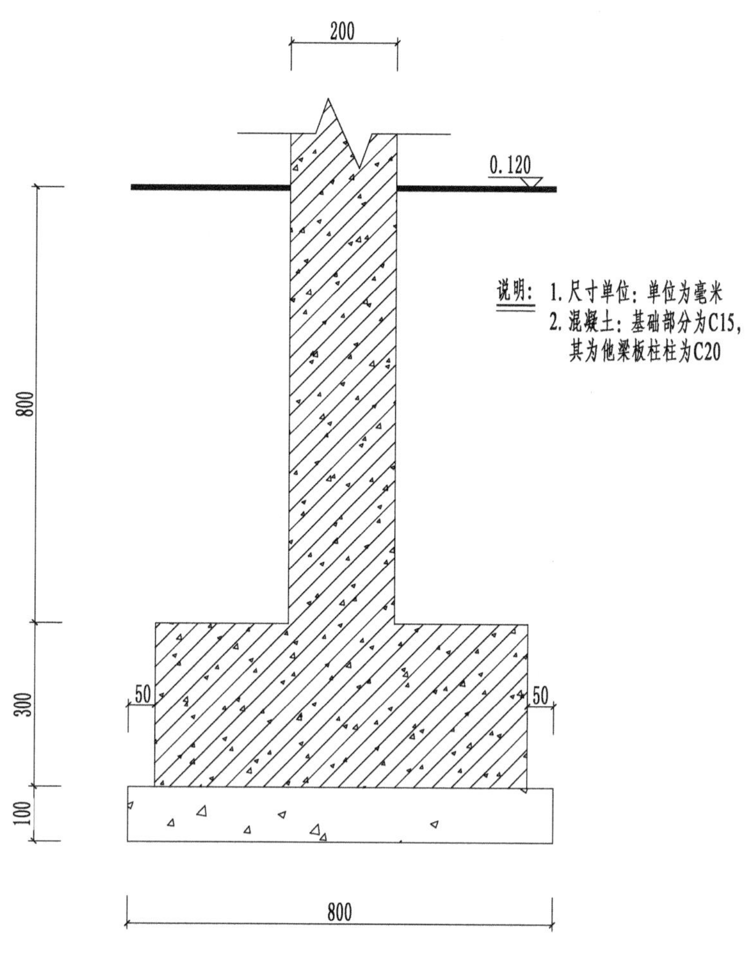

200
0.120
800
300
100
50
50
800
说明：1. 尺寸单位：单位为毫米
2. 混凝土：基础部分为C15，
其为他梁板柱柱为C20

图 5-19　花架柱剖面图

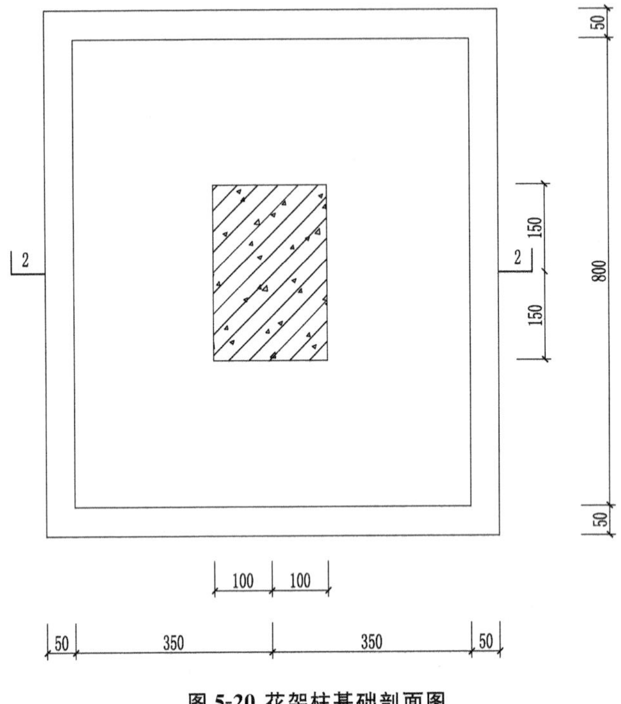

图 5-20 花架柱基础剖面图

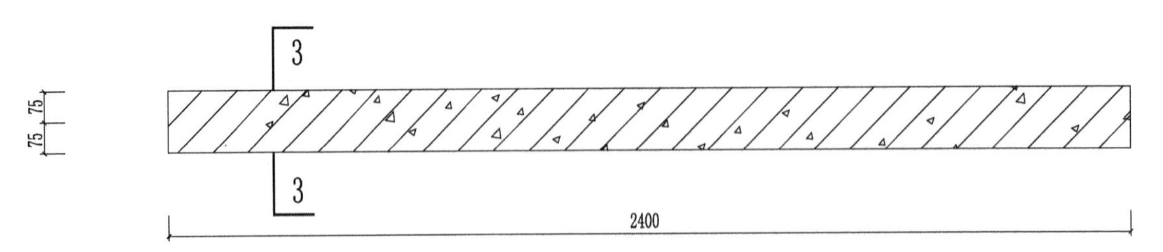

图 5-21 花架梁平面图

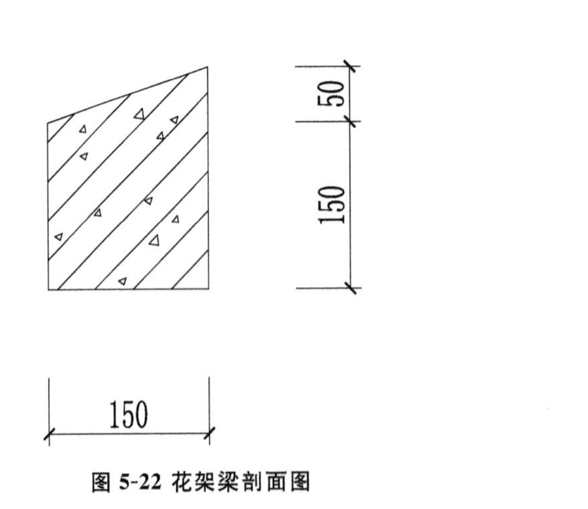

图 5-22 花架梁剖面图

小游园 20161015 工程

招标工程量清单

招　标　人：苏州大学

（单位盖章）

造价咨询人：某某造价咨询事务所

（单位盖章）

2016 年 10 月 15 日

小游园 20161015 工程

招标工程量清单

招　标　人：苏州大学（单位盖章）

造价咨询人：某某造价咨询事务所（单位盖章）

法定代表人或其授权人：熊 某 某（签字或盖章）

法定代表人或其授权人：李 某 某（签字或盖章）

编　制　人：袁 惠 燕（造价人员签字盖专用章）

复　核　人：李 某 某（造价人员签字盖专用章）

编 制 时 间：2016 年 10 月 15 日

复 核 时 间：2016 年 10 月 15 日

总 说 明

工程名称：小游园　　　　第 1 页(共 1 页)

1. 工程概况：本次招标范围包括绿化苗木种植和景观工程，总面积 $18\times42\text{m}^2$。
2. 工程招标范围：本招标工程为绿化工程，为一个单项工程，由一个单位工程组成。具体招标范围按照招标文件规定和设计图纸确定。
3. 工程量清单

编制依据：《建筑工程工程量清单计价规范(GB50500—2013)》《江苏省仿古建筑与园林工程计价表(2007)》《江苏省建设工程费用定额(2014)》和省市相关文件等。

4. 工程质量、材料、施工等的特殊要求。(略)
5. 招标人自行采购材料的名称、规格型号、数量、单价、金额等。(略)
6. 暂列金额：1 万，投标时不参与竞争。
7. 其他需说明的问题：
   A. 取费说明：本工程按三类园林工程取费；
   B. 人工费：2016 年 3 月颁布的苏建函价(2016)117 号人工单价；
   C. 材料费：苏州市 2016 年 8 月建设工程材料指导价；苏州市园林苗木信息价——2016 半年报第 01 期。

【新点 2013 清单造价江苏版 V10.3.0】

分部分项工程和单价措施项目清单与计价表

工程名称:小游园 20161015　　　　标段:　　　　第 1 页(共 7 页)

序号	项目编码	项目名称	项目特征描述	计量单位	工程量	金额(元)		
						综合单价	合价	其中 暂估价
1	050101010001	整理绿化用地	1. 回填土质要求:表面回填 5cm 东北泥炭土 2. 取土运距:乙方自理 3. 找平找坡要求:按设计图示 4. 弃渣运距:乙方自理	m^2	756			
2	010103002001	余方弃置	1. 运距:乙方自理	m^3	31.13			
矮式花坛								
3	010101004001	挖基坑土方	1. 土壤类别:三类土 2. 挖土深度:0.64m 3. 弃土运距:乙方自理	m^3	6.55			
4	010404001001	垫层	1. 垫层材料种类．配合比．厚度:3∶7灰土垫层	m^3	3.07			
5	010501001001	垫层	1. 混凝土种类:自拌 2. 混凝土强度等级:C10	m^3	1.02			
6	010401001001	砖基础	1. 砖品种、规格、强度等级:标准砖 2. 基础类型:独立基础 3. 砂浆强度等级:M5 水泥砂浆	m^3	1.73			
7	010103001001	回填方	1. 密实度要求:0.96 上 2. 填方来源、运距:乙方自理	m^3	0.73			
8	010401012001	零星砌砖	1. 砖品种、规格、强度等级:标准砖 2. 砂浆强度等级、配合比:M5 水泥砂浆	m^3	0.65			
9	010507007001	其他构件	1. 构件的类型:花池 2. 混凝土种类:自拌 3. 混凝土强度等级:C25	m^3	13.34			
10	010515001001	现浇构件钢筋	1. 钢筋种类、规格:Φ8	t	1.067			
11	011206002001	块料零星项目	1. 安装方式:1∶2水泥砂浆 2. 面层材料品种、规格、颜色:白色马赛克	m^2	19.56			
12	010103001003	回填方	1. 填方材料品种:种植土	m^3	2.35			
本页小计								

【新点 2013 清单造价江苏版 V10.3.0】

分部分项工程和单价措施项目清单与计价表

工程名称：小游园 20161015　　　　标段：　　　　第 2 页(共 7 页)

序号	项目编码	项目名称	项目特征描述	计量单位	工程量	金额(元)		
						综合单价	合价	其中 暂估价
分部小计								
高式花墙花台								
13	010101003001	挖沟槽土方	1. 土壤类别：三类土 2. 弃土运距：乙方自理	m³	23.46			
14	010501001002	垫层	1. 混凝土种类：自拌 2. 混凝土强度等级：C10	m³	2.5			
15	010401001002	砖基础	1. 砖品种、规格、强度等级：标准砖 2. 基础类型：条形 3. 砂浆强度等级：水泥 M5.0	m³	10.78			
16	010103001002	回填方	1. 密实度要求：0.96 上 2. 填方来源、运距：乙方自理	m³	10.18			
17	010401003001	实心砖墙	1. 砖品种、规格、强度等级：标准砖 2. 墙体类型：外墙 3. 砂浆强度等级、配合比：水泥 M5.0	m³	5.39			
18	010507005001	扶手、压顶	1. 混凝土种类：自拌 2. 混凝土强度等级：C20	m³	1.35			
19	011407001001	墙面喷刷涂料	1. 腻子种类：白水泥 2. 刮腻子要求：满批 2 道 3. 涂料品种、喷刷遍数：外墙苯丙乳胶漆 2 道	m²	45.22			
20	010507007002	其他构件	1. 构件的类型：花台 2. 混凝土种类：自拌 3. 混凝土强度等级：C25	m³	21.62			
21	010515001002	现浇构件钢筋	1. 钢筋种类、规格：Φ8	t	1.73			
22	011206002002	块料零星项目	1. 安装方式：1∶2 水泥砂浆 2. 面层材料品种、规格、颜色：白色马赛克	m²	27.19			
23	010516002001	预埋铁件	1. 钢材种类：Φ8 2. 规格：80×60×10mm	t	1.873			
本页小计								

【新点 2013 清单造价江苏版 V10.3.0】

分部分项工程和单价措施项目清单与计价表

工程名称：小游园 20161015　　　　标段：　　　　第 3 页(共 7 页)

序号	项目编码	项目名称	项目特征描述	计量单位	工程量	金额(元)		
						综合单价	合价	其中 暂估价
24	050307006001	铁艺栏杆	1. 铁艺栏杆高度：900mm 2. 铁艺栏杆单位长度重量：540mm 3. 防护材料种类：防锈漆1道，绿色油漆2道	m	21.6			
25	010103001004	回填方	1. 填方材料品种：种植土	m^3	353.89			
			分部小计					
			圆式板亭					
26	010101004002	挖基坑土方	1. 土壤类别：三类土 2. 弃土运距：乙方自理	m^3	1.76			
27	010404001002	垫层	1. 垫层材料种类、配合比、厚度：碎石	m^3	0.2			
28	010501003001	独立基础	1. 混凝土种类：自拌 2. 混凝土强度等级：C20	m^3	0.59			
29	010103001005	回填方	1. 密实度要求：0.96 上 2. 填方来源、运距：乙方自理	m^3	0.97			
30	050305005001	预制混凝土桌凳	1. 混凝土强度等级：C20	个	1			
31	010502003001	异形柱	1. 混凝土种类：自拌 2. 混凝土强度等级：C20	m^3	0.3			
32	010514002001	其他构件	1. 构件的类型：伞板 2. 混凝土强度等级：C20	m^3	1.47			
33	011407001002	墙面喷刷涂料	1. 喷刷涂料部位：伞亭外露面 2. 腻子种类：白水泥 3. 刮腻子要求：满批2道 4. 涂料品种、喷刷遍数：白色外墙涂料2道	m^2	41.74			
			分部小计					
			圆形花坛					
34	010101003002	挖沟槽土方	1. 土壤类别：三类土 2. 弃土运距：乙方自理	m^3	3.82			
			本页小计					

【新点 2013 清单造价江苏版 V10.3.0】

分部分项工程和单价措施项目清单与计价表

工程名称:小游园 20161015　　　　标段:　　　　第 4 页(共 7 页)

序号	项目编码	项目名称	项目特征描述	计量单位	工程量	金额(元)		
						综合单价	合价	其中 暂估价
35	010404001003	垫层	1. 垫层材料种类、配合比、厚度:3∶7灰土垫层	m^3	1.43			
36	010501002001	带形基础	1. 混凝土种类:自拌 2. 混凝土强度等级:C10	m^3	1.19			
37	010507007003	其他构件	1. 构件的类型:花池壁 2. 混凝土种类:自拌 3. 混凝土强度等级:C10	m^3	1.43			
38	010103001006	回填方	1. 密实度要求:0.96 上 2. 填方来源、运距:乙方自理	m^3	1.2			
39	011206002003	块料零星项目	1. 安装方式:1∶2水泥砂浆 2. 面层材料品种、规格、颜色:瓷砖	m^2	10.93			
40	010103001007	回填方	1. 填方材料品种:种植土	m^3	4.07			
			分部小计					
			连座花坛					
41	010101004003	挖基坑土方	1. 土壤类别:三类土 2. 弃土运距:乙方自理	m^3	9.25			
42	010404001004	垫层	1. 垫层材料种类、配合比、厚度:3∶7灰土垫层	m^3	1.59			
43	010501001003	垫层	1. 混凝土种类:自拌 2. 混凝土强度等级:C10	m^3	1.06			
44	010401001003	砖基础	1. 砖品种、规格、强度等级:标准砖 2. 基础类型:台阶形 3. 砂浆强度等级:水泥 M5.0	m^3	4.13			
45	010401012002	零星砌砖	1. 砖品种、规格、强度等级:标准砖 2. 砂浆强度等级、配合比:水泥 M7.5	m^3	0.62			
46	010103001008	回填方	1. 密实度要求:0.96 上 2. 填方来源、运距:乙方自理	m^3	2.47			
			本页小计					

【新点 2013 清单造价江苏版 V10.3.0】

分部分项工程和单价措施项目清单与计价表

工程名称：小游园 20161015　　　　标段：　　　　第 5 页（共 7 页）

序号	项目编码	项目名称	项目特征描述	计量单位	工程量	金额（元）		
						综合单价	合价	其中
								暂估价
47	010507007004	其他构件	1. 构件的类型：花池 2. 混凝土种类：自拌 3. 混凝土强度等级：C20	m³	2.68			
48	011203001001	零星项目一般抹灰	1. 底层厚度、砂浆配合比：20 厚 1∶2水泥砂浆	m²	22.01			
49	011406001001	抹灰面油漆	1. 腻子种类：白水泥 2. 刮腻子遍数：满批 2 道 3. 油漆品种、刷漆遍数：黄色外墙苯丙乳胶漆 2 道	m²	22.01			
50	010103001009	回填方	1. 填方材料品种：种植土	m³	6.32			
51	050305005002	预制混凝土桌凳	1. 混凝土强度等级：自拌 C20 2. 水磨石面	个	1			
			分部小计					
			花架					
52	010101004004	挖基坑土方	1. 土壤类别：三类土 2. 弃土运距：乙方自理	m³	5.18			
53	010501001004	垫层	1. 混凝土种类：自拌 2. 混凝土强度等级：C10	m³	0.43			
54	010501003002	独立基础	1. 混凝土种类：自拌 2. 混凝土强度等级：C15	m³	1.3			
55	010103001010	回填方	1. 密实度要求：0.96 上 2. 填方来源、运距：乙方自理	m³	3.45			
56	050304002001	预制混凝土花架柱	1. 混凝土强度等级：C20 自拌砼	m³	0.95			
57	050304002002	预制混凝土花架梁	1. 混凝土强度等级：C20 自拌砼	m³	0.38			
58	050304002003	预制混凝土花架条	1. 混凝土强度等级：C20 自拌砼	m³	0.43			
59	011202001001	柱、梁面一般抹灰	1. 底层厚度、砂浆配合比：20 厚 1∶2水泥砂浆	m²	48.37			
			本页小计					

【新点 2013 清单造价江苏版 V10.3.0】

分部分项工程和单价措施项目清单与计价表

工程名称：小游园 20161015　　　　标段：　　　　第 6 页(共 7 页)

序号	项目编码	项目名称	项目特征描述	计量单位	工程量	金额(元)		
						综合单价	合价	其中 暂估价
60	011406001002	抹灰面油漆	1. 腻子种类：白水泥 2. 刮腻子遍数：满批 3 道 3. 油漆品种、刷漆遍数：外墙苯丙乳胶漆 2 道	m^2	48.37			
		分部小计						
		绿化部分						
61	050102001001	栽植乔木	1. 种类：桧柏 2. 胸径或干径：5cm 3. 养护期：2 年	株	2			
62	050102001002	栽植乔木	1. 种类：垂柳 2. 胸径或干径：15cm 3. 养护期：2 年	株	7			
63	050102001003	栽植乔木	1. 种类：龙爪槐 2. 胸径或干径：8cm 3. 养护期：2 年	株	4			
64	050102002001	栽植灌木	1. 种类：大叶黄杨球 2. 冠丛高：2m 3. 蓬径：2m 4. 养护期：2 年	株	4			
65	050102007001	栽植色带	1. 苗木、花卉种类：金银木 2. 株高或蓬径：1.5m 3. 单位面积株数：3 株/m^2 4. 养护期：2 年	m^2	50			
66	050102007002	栽植色带	1. 苗木、花卉种类：珍珠梅 2. 株高或蓬径：1m 3. 单位面积株数：4 株/m^2 4. 养护期：2 年	m^2	50			
67	050102008001	栽植花卉	1. 花卉种类：月季 2. 单位面积株数：36 株/m^2 3. 养护期：2 年	m^2	50			
		分部小计						
		分部分项合计						
1	050402001001	现浇混凝土垫层		m^2	1			
2	011702025001	其他现浇构件		m^2	1			
3	050402006001	现浇混凝土花池		m^2	1			
4	011702001001	基础		m^2	1			
5	050402007001	现浇混凝土桌凳		个	1			
6	011702004001	异形柱		m^2	1			
		本页小计						

【新点 2013 清单造价江苏版 V10.3.0】

分部分项工程和单价措施项目清单与计价表

工程名称：小游园 20161015　　　　标段：　　　　第 7 页(共 7 页)

序号	项目编码	项目名称	项目特征描述	计量单位	工程量	金额(元)		
						综合单价	合价	其中
								暂估价
7	011702020001	其他板		m^2	1			
8	011702007001	异形梁		m^2	1			
单价措施合计								
本页小计								
合计								

【新点 2013 清单造价江苏版 V10.3.0】

总价措施项目清单与计价表

工程名称：小游园 20161015　　　　标段：　　　　第 1 页(共 1 页)

序号	项目编码	项目名称	计算基础	费率(%)	金额(元)	调整费率(%)	调整后金额(元)	备注
1	050405001001	安全文明施工费						
1.1		基本费	分部分项合计＋单价措施项目合计－设备费	0.900				
1.2		增加费	分部分项合计＋单价措施项目合计－设备费					
2	050405002001	夜间施工	分部分项合计＋单价措施项目合计－设备费					
3	050405003001	非夜间施工照明	分部分项合计＋单价措施项目合计－设备费					
4	050405004001	二次搬运	分部分项合计＋单价措施项目合计－设备费					
5	050405005001	冬雨季施工	分部分项合计＋单价措施项目合计－设备费					
6	050405006001	反季节栽植影响措施	分部分项合计＋单价措施项目合计－设备费					
7	050405007001	地上、地下设施的临时保护设施	分部分项合计＋单价措施项目合计－设备费					
8	050405008001	已完工程及设备保护	分部分项合计＋单价措施项目合计－设备费					
9	050405009001	临时设施	分部分项合计＋单价措施项目合计－设备费					
10	050405010001	赶工措施	分部分项合计＋单价措施项目合计－设备费					
11	050405011001	工程按质论价	分部分项合计＋单价措施项目合计－设备费					
12	050405012001	特殊条件下施工增加费	分部分项合计＋单价措施项目合计－设备费					

【新点 2013 清单造价江苏版 V10.3.0】

其他项目清单与计价汇总表

工程名称：小游园 20161015　　　　标段：　　　　第 1 页(共 1 页)

序号	项目名称	金额(元)	结算金额(元)	备注
1	暂列金额	10000.00		
2	暂估价			
2.1	材料暂估价			
2.2	专业工程暂估价			
3	计日工			
4	总承包服务费			
合计		10000.00		

【新点 2013 清单造价江苏版 V10.3.0】

暂列金额明细表

工程名称：小游园 20161015　　　　标段：　　　　第 1 页(共 1 页)

序号	项目名称	计量单位	暂定金额(元)	备注
1	暂列金		10000.00	
合计			10000.00	

【新点 2013 清单造价江苏版 V10.3.0】

材料(工程设备)暂估单价及调整表

工程名称:小游园 20161015　　　　　　　　标段:　　　　　　　　第 1 页(共 1 页)

序号	材料编码	材料(工程设备)名称、规格、型号	计量单位	数量		暂估(元)		确认(元)		差额±(元)		备注
				投标	确认	单价	合价	单价	合价	单价	合价	
1	1001	水泥 32.5 级	kg			0.5						
2	1002	月季	m^2			180						
合计												

【新点 2013 清单造价江苏版 V10.3.0】

专业工程暂估价及结算价表

工程名称：小游园 20161015　　　　标段：　　　　第 1 页(共 1 页)

序号	工程名称	工程内容	暂估金额(元)	结算金额(元)	差额±(元)	备注
合计						

【新点 2013 清单造价江苏版 V10.3.0】

计 日 工 表

工程名称:小游园 20161015　　　　　　　　　　标段:　　　　　　　　　　第 1 页(共 1 页)

编号	项目名称	单位	暂定数量	实际数量	综合单价	合价(元)	
						暂定	实际
一	人工						
人工小计							
二	材料						
材料小计							
三	施工机械						
机械小计							
四、企业管理费和利润							
总计							

【新点 2013 清单造价江苏版 V10.3.0】

总承包服务费计价表

工程名称：小游园 20161015　　　　　　　　标段：　　　　　　　　第 1 页(共 1 页)

序号	项目名称	项目价值(元)	服务内容	计算基础	费率(%)	金额(元)
1	发包人发包专业工程			项目价值		
2	发包人供应材料			项目价值		
合计						

【新点 2013 清单造价江苏版 V10.3.0】

规费、税金项目计价表

工程名称：小游园 20161015　　　　标段：　　　　第 1 页(共 1 页)

序号	项目名称	计算基础	计算基数（元）	计算费率（%）	金额(元)
1	规费	工程排污费＋社会保险费＋住房公积金		100.000	
1.1	社会保险费	分部分项工程费＋措施项目费＋其他项目费－工程设备费		3.000	
1.2	住房公积金	分部分项工程费＋措施项目费＋其他项目费－工程设备费		0.500	
1.3	工程排污费	分部分项工程费＋措施项目费＋其他项目费－工程设备费		0.100	
2	税金	分部分项工程费＋措施项目费＋其他项目费＋规费－按规定不计税的工程设备金额		3.477	
合　计					

【新点 2013 清单造价江苏版 V10.3.0】

编制人(造价人员)：　　　　复核人(造价工程师)：

发包人提供材料和工程设备一览表

工程名称：小游园 20161015　　　　标段：　　　　第 1 页(共 1 页)

序号	材料编码	材料(工程设备)名称、规格、型号	单位	数量	单价(元)	合价(元)	交货方式	送达地点	备注
合　计									

【新点 2013 清单造价江苏版 V10.3.0】

承包人提供主要材料和工程设备一览表

（适用造价信息差额调整法）

工程名称：小游园 20161015　　　　标段：　　　　第 1 页（共 1 页）

序号	材料编码	名称、规格、型号	单位	数量	风险系数（%）	基准单价（元）	投标单价（元）	发承包人确认单价（元）	备注

【新点 2013 清单造价江苏版 V10.3.0】

承包人提供主要材料和工程设备一览表

（适用于价格指数差额调整法）

工程名称：小游园 20161015　　　　标段：　　　　第 1 页(共 1 页)

序号	名称、规格、型号	变值权重(B)	基本价格指数(F0)	现行价格指数(Ft)	备注
	定值权重(A)		—	—	
合计		1	—	—	

【新点 2013 清单造价江苏版 V10.3.0】

补充清单项目及计算规则

工程名称：小游园 20161015　　　　标段：　　　　第 1 页(共 1 页)

项目编码	项目名称	项目特征	计量单位	工程量计算规则	工程内容

【新点 2013 清单造价江苏版 V10.3.0】

小游园　　　　　工程

投 标 总 价

投　标　人：＿＿＿＿＿＿＿＿＿＿

（单位盖章）

2016年10月15日

投标总价

招　　标　　人：苏州大学

工　程　名　称：小游园

投标总价(小写)：210764.60

(大写)：贰拾壹万零柒佰陆拾肆圆陆角零分

投　　标　　人：

(单位盖章)

法 定 代 表 人
或 其 授 权 人：金某某

(签字或盖章)

编　　制　　人：张某某

(造价人员签字盖专用章)

时　　　　　间：2016 年 10 月 15 日

总 说 明

工程名称:小游园 第1页(共1页)

1. 工程概况:绿化工程和景观工程
2. 工程投标和分包范围:绿化工程和景观工程
3. 工程量清单报价表编制依据:《建筑工程工程量清单计价规范(GB50500－2013)》《江苏省仿古建筑与园林工程计价表(2007)》《江苏省建设工程费用定额(2014)》和省市相关文件等。
4. 工程质量、材料、施工等的特殊要求。
5. 招标人自行采购材料的名称、规格型号、数量、单价、金额等。
6. 暂列金额:1万,投标时不参与竞争。
7. 其他须说明的问题:
   A. 取费说明:本工程按三类园林工程取费;
   B. 人工费:2016年3月颁布的苏建函价(2016)117号人工单价;
   C. 材料费:苏州市2016年8月建设工程材料指导价;苏州市园林苗木信息价——2016半年报第01期
   D. 乔木采用树棍四脚井字桩,灌木球采用扁担支撑,乔木草绳暂按2m/株考虑;
   E. 景观小品钢筋都按小于12mm考虑。

【新点2013清单造价江苏版 V10.3.0】

单位工程投标报价汇总表

工程名称：小游园　　　　　　　　　　　　　标段：　　　　　　　　　　　　第1页(共1页)

序号	汇总内容	金额(元)	其中：暂估价(元)
1	分部分项工程费	151895.80	9844.88
1.1	人工费	33761.62	
1.2	材料费	99755.14	9844.88
1.3	施工机具使用费	7233.93	
1.4	企业管理费	6414.97	
1.5	利润	4730.21	
2	措施项目费	34709.00	
2.1	单价措施项目费	33044.54	
2.2	总价措施项目费	1664.46	
2.2.1	其中：安全文明施工措施费	1664.46	
3	其他项目费	10000.00	
3.1	其中：暂列金额	10000.00	
3.2	其中：专业工程暂估		
3.3	其中：计日工		
3.4	其中：总承包服务费		
4	规费	7077.76	
5	税金	7082.04	
投标报价＝1＋2＋3＋4＋5		210764.60	9844.88

【新点2013清单造价江苏版 V10.3.0】

分部分项工程和单价措施项目清单与计价表

工程名称：小游园　　　　　　　　　　　　标段：　　　　　　　　　　　　第 1 页(共 7 页)

序号	项目编码	项目名称	项目特征描述	工作内容	计量单位	工程量	金额(元)		
							综合单价	合价	其中 暂估价
1	050101010001	整理绿化用地	1. 回填土质要求：表面回填 5cm 东北泥炭土 2. 取土运距：乙方自理 3. 找平找坡要求：按设计图示 4. 弃渣运距：乙方自理			m^2	756	20.80	15724.80
2	010103002001	余方弃置	1. 运距：乙方自理		m^3	31.13	14.60	454.50	
		矮式花坛							
3	010101004001	挖基坑土方	1. 土壤类别：三类土 2. 挖土深度：0.64m 3. 弃土运距：乙方自理		m^3	6.55	57.80	378.59	
4	010404001001	垫层	1. 垫层材料种类．配合比．厚度：3∶7灰土垫层		m^3	3.07	107.81	330.98	
5	010501001001	垫层	1. 混凝土种类：自拌 2. 混凝土强度等级：C10		m^3	1.02	243.53	248.40	
6	010401001001	砖基础	1. 砖品种、规格、强度等级：标准砖 2. 基础类型：独立基础 3. 砂浆强度等级：M5 水泥砂浆		m^3	1.73	247.87	428.82	
7	010103001001	回填方	1. 密实度要求：0.96 上 2. 填方来源、运距：乙方自理		m^3	0.73	148.23	108.21	
8	010401012001	零星砌砖	1. 砖品种、规格、强度等级：标准砖 2. 砂浆强度等级、配合比：M5 水泥砂浆		m^3	0.65	319.57	207.72	
9	010507007001	其他构件	1. 构件的类型：花池 2. 混凝土种类：自拌 3. 混凝土强度等级：C25		m^3	13.34	374.37	4994.10	
10	010515001001	现浇构件钢筋	1. 钢筋种类、规格：Φ8		t	1.067	4733.92	5051.09	
本页小计								27927.21	

【新点 2013 清单造价江苏版 V10.3.0】

分部分项工程和单价措施项目清单与计价表

工程名称：小游园　　　　标段：　　　　第 2 页(共 7 页)

序号	项目编码	项目名称	项目特征描述	工作内容	计量单位	工程量	金额(元)		
							综合单价	合价	其中 暂估价
11	011206002001	块料零星项目	1. 安装方式：1∶2水泥砂浆 2. 面层材料品种、规格、颜色：白色马赛克		m^2	19.56	149.51	2924.42	96.12
12	010103001003	回填方	1. 填方材料品种：种植土		m^3	2.35	20.00	47.00	
		分部小计						14719.33	
		高式花墙花台							
13	010101003001	挖沟槽土方	1. 土壤类别：三类土 2. 弃土运距：乙方自理		m^3	23.46	45.15	1059.22	
14	010501001002	垫层	1. 混凝土种类：自拌 2. 混凝土强度等级：C10		m^3	2.5	243.53	608.83	
15	010401001002	砖基础	1. 砖品种、规格、强度等级：标准砖 2. 基础类型：条形 3. 砂浆强度等级：水泥 M5.0		m^3	10.78	247.87	2672.04	
16	010103001002	回填方	1. 密实度要求：0.96 上 2. 填方来源、运距：乙方自理		m^3	10.18	44.95	457.59	
17	010401003001	实心砖墙	1. 砖品种、规格、强度等级：标准砖 2. 墙体类型：外墙 3. 砂浆强度等级、配合比：水泥 M5.0		m^3	5.39	276.78	1491.84	
18	010507005001	扶手、压顶	1. 混凝土种类：自拌 2. 混凝土强度等级：C20		m^3	1.35	347.43	469.03	
19	011407001001	墙面喷刷涂料	1. 腻子种类：白水泥 2. 刮腻子要求：满批 2 道 3. 涂料品种、喷刷遍数：外墙苯丙乳胶漆 2 道		m^2	45.22	39.99	1808.35	
		本页小计						11538.32	96.12

【新点 2013 清单造价江苏版 V10.3.0】

分部分项工程和单价措施项目清单与计价表

工程名称:小游园　　　　　　　　　　　　标段:　　　　　　　　　　　　第 3 页(共 7 页)

序号	项目编码	项目名称	项目特征描述	工作内容	计量单位	工程量	金额(元) 综合单价	合价	其中 暂估价
20	010507007002	其他构件	1. 构件的类型:花台 2. 混凝土种类:自拌 3. 混凝土强度等级:C25		m^3	21.62	374.37	8093.88	
21	010515001002	现浇构件钢筋	1. 钢筋种类、规格:Φ8		t	1.73	4731.95	8186.27	
22	011206002002	块料零星项目	1. 安装方式:1∶2水泥砂浆 2. 面层材料品种、规格、颜色:白色马赛克		m^2	27.19	149.51	4065.18	133.61
23	010516002001	预埋铁件	1. 钢材种类:Φ8 2. 规格:80×60×10mm		t	1.873	17197.46	32210.84	
24	050307006001	铁艺栏杆	1. 铁艺栏杆高度:900mm 2. 铁艺栏杆单位长度重量:540mm 3. 防护材料种类:防锈漆1道,绿色油漆2道		m	21.6	86.75	1873.80	
25	010103001004	回填方	1. 填方材料品种:种植土		m^3	353.89	20.00	7077.80	
		分部小计						70074.67	
		圆式板亭							
26	010101004002	挖基坑土方	1. 土壤类别:三类土 2. 弃土运距:乙方自理		m^3	1.76	61.72	108.63	
27	010404001002	垫层	1. 垫层材料种类、配合比、厚度:碎石		m^3	0.2	173.18	34.64	
28	010501003001	独立基础	1. 混凝土种类:自拌 2. 混凝土强度等级:C20		m^3	0.59	439.06	259.05	
29	010103001005	回填方	1. 密实度要求:0.96上 2. 填方来源、运距:乙方自理		m^3	0.97	47.72	46.29	
30	050305005001	预制混凝土桌凳	1. 混凝土强度等级:C20		个	1	204.01	204.01	
31	010502003001	异形柱	1. 混凝土种类:自拌 2. 混凝土强度等级:C20		m^3	0.3	1015.87	304.76	
本页小计								62465.15	133.61

【新点 2013 清单造价江苏版 V10.3.0】

分部分项工程和单价措施项目清单与计价表

工程名称：小游园　　　　标段：　　　　第 4 页(共 7 页)

序号	项目编码	项目名称	项目特征描述	工作内容	计量单位	工程量	金额(元)		
							综合单价	合价	其中 暂估价
32	010514002001	其他构件	1. 构件的类型：伞板 2. 混凝土强度等级：C20		m^3	1.47	782.12	1149.72	
33	011407001002	墙面喷刷涂料	1. 喷刷涂料部位：伞亭外露面 2. 腻子种类：白水泥 3. 刮腻子要求：满批 2 道 4. 涂料品种、喷刷遍数：白色外墙涂料 2 道		m^2	41.74	39.99	1669.18	
		分部小计						3776.28	
		圆形花坛							
34	010101003002	挖沟槽土方	1. 土壤类别：三类土 2. 弃土运距：乙方自理		m^3	3.82	51.88	198.18	
35	010404001003	垫层	1. 垫层材料种类、配合比、厚度：3∶7灰土垫层		m^3	1.43	107.81	154.17	
36	010501002001	带形基础	1. 混凝土种类：自拌 2. 混凝土强度等级：C10		m^3	1.19	229.52	273.13	
37	010507007003	其他构件	1. 构件的类型：花池壁 2. 混凝土种类：自拌 3. 混凝土强度等级：C10		m^3	1.43	711.77	1017.83	
38	010103001006	回填方	1. 密实度要求：0.96 上 2. 填方来源、运距：乙方自理		m^3	1.2	68.90	82.68	
39	011206002003	块料零星项目	1. 安装方式：1∶2水泥砂浆 2. 面层材料品种、规格、颜色：瓷砖		m^2	10.93	292.53	3197.35	59.80
40	010103001007	回填方	1. 填方材料品种：种植土		m^3	4.07	20.00	81.40	
		分部小计						5004.74	
		连座花坛							
41	010101004003	挖基坑土方	1. 土壤类别：三类土 2. 弃土运距：乙方自理		m^3	9.25	52.53	485.90	
本页小计								8309.54	59.80

【新点 2013 清单造价江苏版 V10.3.0】

分部分项工程和单价措施项目清单与计价表

工程名称：小游园　　　　标段：　　　　第 5 页(共 7 页)

序号	项目编码	项目名称	项目特征描述	工作内容	计量单位	工程量	金额(元)		
							综合单价	合价	其中 暂估价
42	010404001004	垫层	1. 垫层材料种类、配合比、厚度：3:7灰土垫层		m^3	1.59	107.81	171.42	
43	010501001003	垫层	1. 混凝土种类：自拌 2. 混凝土强度等级：C10		m^3	1.06	243.53	258.14	
44	010401001003	砖基础	1. 砖品种、规格、强度等级：标准砖 2. 基础类型：台阶形 3. 砂浆强度等级：水泥 M5.0		m^3	4.13	247.87	1023.70	
45	010401012002	零星砌砖	1. 砖品种、规格、强度等级：标准砖 2. 砂浆强度等级、配合比：水泥 M7.5		m^3	0.62	319.57	198.13	
46	010103001008	回填方	1. 密实度要求：0.96 上 2. 填方来源、运距：乙方自理		m^3	2.47	62.00	153.14	
47	010507007004	其他构件	1. 构件的类型：花池 2. 混凝土种类：自拌 3. 混凝土强度等级：C20		m^3	2.68	736.56	1973.98	
48	011203001001	零星项目一般抹灰	1. 底层厚度、砂浆配合比：20 厚 1:2水泥砂浆		m^2	22.01	42.02	924.86	110.63
49	011406001001	抹灰面油漆	1. 腻子种类：白水泥 2. 刮腻子遍数：满批 2 道 3. 油漆品种、刷漆遍数：黄色外墙苯丙乳胶漆 2 道		m^2	22.01	39.99	880.18	
50	010103001009	回填方	1. 填方材料品种：种植土		m^3	6.32	20.00	126.40	
51	050305005002	预制混凝土桌凳	1. 混凝土强度等级：自拌 C20 2. 水磨石面		个	1	219.16	219.16	
		分部小计						6415.01	
		花架							
53	010101004004	挖基坑土方	1. 土壤类别：三类土 2. 弃土运距：乙方自理		m^3	5.18	87.41	452.78	
		本页小计						6381.89	110.63

【新点 2013 清单造价江苏版 V10.3.0】

分部分项工程和单价措施项目清单与计价表

工程名称:小游园　　　　标段:　　　　第 6 页(共 7 页)

序号	项目编码	项目名称	项目特征描述	工作内容	计量单位	工程量	金额(元)		
							综合单价	合价	其中 暂估价
54	010501001004	垫层	1. 混凝土种类:自拌 2. 混凝土强度等级:C10		m^3	0.43	245.89	105.73	
55	010501003002	独立基础	1. 混凝土种类:自拌 2. 混凝土强度等级:C15		m^3	1.3	419.48	545.32	
56	010103001010	回填方	1. 密实度要求:0.96 上 2. 填方来源、运距:乙方自理		m^3	3.45	63.93	220.56	
57	050304002001	预制混凝土花架柱	1. 混凝土强度等级:C20 自半砼		m^3	0.95	1192.14	1132.53	
58	050304002002	预制混凝土花架梁	1. 混凝土强度等级:C20 自拌砼		m^3	0.38	1143.50	434.53	
59	050304002003	预制混凝土花架条	1. 混凝土强度等级:C20 自拌砼		m^3	0.43	751.18	323.01	
60	011202001001	柱、梁面一般抹灰	1. 底层厚度、砂浆配合比:20 厚 1:2水泥砂浆		m^2	48.37	39.26	1899.01	264.72
61	011406001002	抹灰面油漆	1. 腻子种类:白水泥 2. 刮腻子遍数:满批 3 道 3. 油漆品种、刷漆遍数:外墙苯丙乳胶漆 2 道		m^2	48.37	44.15	2135.54	
		分部小计						7249.01	
		绿化部分							
62	050102001001	栽植乔木	1. 种类:桧柏 2. 胸径或干径:5cm 3. 养护期:2 年		株	2	201.01	402.02	
63	050102001002	栽植乔木	1. 种类:垂柳 2. 胸径或干径:15cm 3. 养护期:2 年		株	7	771.82	5402.74	
64	050102001003	栽植乔木	1. 种类:龙爪槐 2. 胸径或干径:8cm 3. 养护期:2 年		株	4	289.72	1158.88	
65	050102002001	栽植灌木	1. 种类:大叶黄杨球 2. 冠丛高:2m 3. 蓬径:2m 4. 养护期:2 年		株	4	383.58	1534.32	
		本页小计						15294.19	264.72

【新点 2013 清单造价江苏版 V10.3.0】

分部分项工程和单价措施项目清单与计价表

工程名称：小游园　　　　标段：　　　　第 7 页(共 7 页)

序号	项目编码	项目名称	项目特征描述	工作内容	计量单位	工程量	金额(元)		
							综合单价	合价	其中 暂估价
66	050102007001	栽植色带	1. 苗木、花卉种类：金银木 2. 株高或蓬径：1.5m 3. 单位面积株数：3 株/m^2 4. 养护期：2 年		m^2	50	58.04	2902.00	
67	050102007002	栽植色带	1. 苗木、花卉种类：珍珠梅 2. 株高或蓬径：1m 3. 单位面积株数：4 株/m^2 4. 养护期：2 年		m^2	50	149.84	7492.00	
68	050102008001	栽植花卉	1. 花卉种类：月季 2. 单位面积株数：36 株/m^2 3. 养护期：2 年		m^2	50	191.71	9585.50	9180.00
		分部小计						28477.46	
		分部分项合计						151895.80	9844.88
1	050402001001	现浇混凝土垫层			m^2	1	174.32	174.32	
2	011702025001	其他现浇构件			m^2	1	621.90	621.90	
3	050402006001	现浇混凝土花池			m^2	1	30235.97	30235.97	
4	011702001001	基础			m^2	1	219.53	219.53	
5	050402007001	现浇混凝土桌凳			个	1	70.66	70.66	
6	011702004001	异形柱			m^2	1	556.40	556.40	
7	011702020001	其他板			m^2	1	370.93	370.93	
8	011702007001	异形梁			m^2	1	255.03	255.03	
9	050403001001	树木支撑架			株	1	462.10	462.10	
10	050403002001	草绳绕树干			株	1	77.70	77.70	
		单价措施合计				33044.54			
本页小计								53024.04	9180.00
合计								184940.34	9844.88

【新点 2013 清单造价江苏版 V10.3.0】

综合单价分析表

工程名称：小游园　　　　　　　　　　　　标段：　　　　　　　　　　　　第 1 页(共 77 页)

项目编码	050101010001	项目名称	整理绿化用地					计量单位	m²		工程量	756	
清单综合单价组成明细													
定额编号	定额项目名称	定额单位	数量	单价(元)					合价(元)				
				人工费	材料费	机械费	管理费	利润	人工费	材料费	机械费	管理费	利润
3－267	绿地平整(人工)	10m²	0.133862	18.5			3.52	2.59	2.48			0.47	0.35
D00001	回填 5cm 东北泥炭土	m²	1		17.5					17.5			
综合人工工日		小计							2.48	17.5		0.47	0.35
0.07 工日		未计价材料费											
清单项目综合单价									20.8				

材料费明细	主要材料名称、规格、型号	单位	数量	单位(元)	合价(元)	暂估单位(元)	暂估合价(元)
	其他材料费			—	17.5	—	
	材料费小计			—	17.5	—	

【新点 2013 清单造价江苏版 V10.3.0】

注：由于篇幅原因，综合单价分析表挑选了一部分打印。

综合单价分析表

工程名称：小游园　　　　标段：　　　　第 2 页(共 77 页)

项目编码	010103002001	项目名称	余方弃置			计量单位	m^3	工程量	31.13			
清单综合单价组成明细												
定额编号	定额项目名称	定额单位	数量	单价(元)					合价(元)			
				人工费	材料费	机械费	管理费	利润	人工费	材料费	机械费	管理费	利润
1－155	自卸车运土运距 10km 以内	$1000m^3$	0.000684		35.26	21319.1				0.02	14.59		
综合人工工日		小计								0.02	14.58		
0.00 工日		未计价材料费											
清单项目综合单价									14.6				

材料费明细	主要材料名称、规格、型号	单位	数量	单位(元)	合价(元)	暂估单位(元)	暂估合价(元)
	水	m^3	0.005882	4.1	0.02		
	其他材料费			—		—	
	材料费小计			—	0.02	—	

【新点 2013 清单造价江苏版 V10.3.0】

综合单价分析表

工程名称：小游园　　　　　　　　　　标段：　　　　　　　　　　第 3 页(共 77 页)

项目编码	010101004001	项目名称	挖基坑土方	计量单位	m^3	工程量	6.55

清单综合单价组成明细													
定额编号	定额项目名称	定额单位	数量	单价(元)					合价(元)				
				人工费	材料费	机械费	管理费	利润	人工费	材料费	机械费	管理费	利润
1-54	人工挖三类干土地坑深度在2m以内	m^3	1.891664	21.98			4.18	3.08	41.58			7.91	5.83
1-123	基(槽)坑原土打底夯	$10m^2$	0.295573	4.88		1.93	0.93	0.68	1.44		0.57	0.27	0.2
综合人工工日		小计							43.02		0.57	8.18	6.03
1.16 工日		未计价材料费											
清单项目综合单价									57.8				

材料费明细	主要材料名称、规格、型号	单位	数量	单位(元)	合价(元)	暂估单位(元)	暂估合价(元)
	其他材料费			—		—	
	材料费小计			—		—	

【新点 2013 清单造价江苏版 V10.3.0】

综合单价分析表

工程名称：小游园　　　　标段：　　　　第 4 页(共 77 页)

项目编码	010404001001	项目名称	垫层				计量单位	m^3	工程量	3.07		
清单综合单价组成明细												
定额编号	定额项目名称	定额单位	数量	单价(元)					合价(元)			
				人工费	材料费	机械费	管理费	利润	人工费	材料费	机械费	管理费	利润
1－162	3∶7灰土垫层	m^3	1	31.34	64.97	1.16	5.95	4.39	31.34	64.97	1.16	5.95	4.39
综合人工工日		小计							31.34	64.97	1.16	5.95	4.39
0.85 工日		未计价材料费											
清单项目综合单价									107.81				

材料费明细	主要材料名称、规格、型号	单位	数量	单位(元)	合价(元)	暂估单位(元)	暂估合价(元)
	水	m^3	0.402	4.1	1.65		
	生石灰	t	0.24442	164	40.08		
	黏土	m^3	1.1615	20	23.23		
	其他材料费			—	0.01	—	
	材料费小计			—	64.97	—	

【新点 2013 清单造价江苏版 V10.3.0】

综合单价分析表

工程名称：小游园　　　　标段：　　　　第 5 页（共 77 页）

项目编码	010501001001	项目名称		垫层			计量单位		m³	工程量	1.02
清单综合单价组成明细											
定额编号	定额项目名称	定额单位	数量	单价（元）					合价（元）		
				人工费	材料费	机械费	管理费	利润	人工费	材料费	机械费	管理费	利润
1－170	C10 砼自拌砼垫层	m³	1	60.83	157.87	4.75	11.56	8.52	60.83	157.87	4.75	11.56	8.52
综合人工工日		小计							60.83	157.87	4.75	11.56	8.52
1.64 工日		未计价材料费											
清单项目综合单价									243.53				

	主要材料名称、规格、型号	单位	数量	单位（元）	合价（元）	暂估单位（元）	暂估合价（元）
材料费明细	水	m³	0.6818	4.1	2.8		
	中砂	t	0.87567	36.5	31.96		
	碎石 5－40mm	t	1.2726	36.5	46.45		
	水泥 32.5 级	kg	255.53	0.3	76.66		
	其他材料费			—		—	
	材料费小计			—	157.87	—	

【新点 2013 清单造价江苏版 V10.3.0】

综合单价分析表

工程名称：小游园　　　　标段：　　　　第 6 页（共 77 页）

项目编码	010401001001	项目名称	砖基础					计量单位	m^3	工程量	1.73
清单综合单价组成明细											
定额编号	定额项目名称	定额单位	数量	单价（元）					合价（元）				
				人工费	材料费	机械费	管理费	利润	人工费	材料费	机械费	管理费	利润
1－189	M5 标准砖基础	m^3	1	48.47	179.42	3.98	9.21	6.79	48.47	179.42	3.98	9.21	6.79
综合人工工日		小计							48.47	179.42	3.98	9.21	6.79
1.31 工日		未计价材料费											
清单项目综合单价									247.87				

材料费明细	主要材料名称、规格、型号	单位	数量	单位（元）	合价（元）	暂估单位（元）	暂估合价（元）
	标准砖 240×115×53mm	百块	5.27	28.2	148.61		
	水	m^3	0.1729	4.1	0.71		
	中砂	t	0.39123	36.5	14.28		
	水泥 32.5 级	kg	52.731	0.3	15.82		
	其他材料费			—		—	
	材料费小计			—	179.42	—	

【新点 2013 清单造价江苏版 V10.3.0】

综合单价分析表

工程名称：小游园　　　　　　　　　　　　　标段：　　　　　　　　　　　　　第 7 页（共 77 页）

项目编码	010103001001	项目名称		回填方					计量单位	m³		工程量	0.73
清单综合单价组成明细													
定额编号	定额项目名称	定额单位	数量	单价（元）					合价（元）				
				人工费	材料费	机械费	管理费	利润	人工费	材料费	机械费	管理费	利润
1－127	夯填基（槽）坑回填土	m³	9	11.4		1.3	2.17	1.6	102.6		11.7	19.53	14.4
综合人工工日		小计							102.6		11.7	19.53	14.4
2.77 工日		未计价材料费											
清单项目综合单价									148.23				

材料费明细	主要材料名称、规格、型号	单位	数量	单位（元）	合价（元）	暂估单位（元）	暂估合价（元）
	其他材料费			—		—	
	材料费小计			—		—	

【新点 2013 清单造价江苏版 V10.3.0】

综合单价分析表

工程名称：小游园　　　　　　　　　　标段：　　　　　　　　　　第 8 页(共 77 页)

项目编码	010401012001	项目名称	零星砌砖	计量单位	m^3	工程量	0.65

清单综合单价组成明细													
定额编号	定额项目名称	定额单位	数量	单价(元)					合价(元)				
				人工费	材料费	机械费	管理费	利润	人工费	材料费	机械费	管理费	利润
1—238	M5 标准砖小型砌体	m^3	1	100.27	182.76	3.45	19.05	14.04	100.27	182.76	3.45	19.05	14.04
综合人工工日		小计							100.27	182.76	3.45	19.05	14.04
2.71 工日		未计价材料费											
清单项目综合单价									319.57				

材料费明细	主要材料名称、规格、型号	单位	数量	单位(元)	合价(元)	暂估单位(元)	暂估合价(元)
	标准砖 240×115×53mm	百块	5.52	28.2	155.66		
	水	m^3	0.1739	4.1	0.71		
	中砂	t	0.34293	36.5	12.52		
	水泥 32.5 级	kg	46.221	0.3	13.87		
	其他材料费			—		—	
	材料费小计			—	182.76	—	

【新点 2013 清单造价江苏版 V10.3.0】

综合单价分析表

工程名称：小游园　　　　标段：　　　　第 9 页(共 77 页)

项目编码	010507007001	项目名称	其他构件					计量单位	m³	工程量	13.34	
清单综合单价组成明细												
定额编号	定额项目名称	定额单位	数量	单价(元)					合价(元)			
				人工费	材料费	机械费	管理费	利润	人工费	材料费	机械费	管理费	利润
1－356	C25砼小型构件	m³	1	108.34	216.95	13.33	20.58	15.17	108.34	216.95	13.33	20.58	15.17
综合人工工日		小计							108.34	216.95	13.33	20.58	15.17
2.93 工日		未计价材料费											
清单项目综合单价									374.37				

	主要材料名称、规格、型号	单位	数量	单价(元)	合价(元)	暂估单价(元)	暂估合价(元)
材料费明细	塑料薄膜	m²	3.75	0.86	3.23		
	水	m³	1.983	4.1	8.13		
	中砂	t	0.6902	36.5	25.19		
	碎石 5－20mm	t	1.245405	38	47.33		
	水泥 32.5 级	kg	443.555	0.3	133.07		
	其他材料费			—		—	
	材料费小计			—	216.95	—	

【新点 2013 清单造价江苏版 V10.3.0】

综合单价分析表

工程名称：小游园　　标段：　　第 10 页(共 77 页)

项目编码	010515001001	项目名称	现浇构件钢筋				计量单位	t	工程量		1.067	
清单综合单价组成明细												
定额编号	定额项目名称	定额单位	数量	单价(元)					合价(元)			
				人工费	材料费	机械费	管理费	利润	人工费	材料费	机械费	管理费	利润
1—479	现浇构件钢筋直径 Φ12mm 以内	t	1.000187	517.26	3916.6	128.48	98.28	72.42	517.36	3917.33	128.5	98.3	72.43
综合人工工日		小计							517.36	3917.33	128.5	98.3	72.43
13.98 工日		未计价材料费											
清单项目综合单价									4733.92				

材料费明细	主要材料名称、规格、型号	单位	数量	单位(元)	合价(元)	暂估单位(元)	暂估合价(元)
	镀锌铁丝 22#	kg	6.851281	4.6	31.52		
	电焊条	kg	1.860348	4.8	8.93		
	钢筋（综合）	t	1.020191	3800	3876.73		
	水	m³	0.040007	4.1	0.16		
	其他材料费			—	−0.01	—	
	材料费小计			—	3917.33	—	

【新点 2013 清单造价江苏版 V10.3.0】

综合单价分析表

工程名称：小游园　　　　标段：　　　　第 11 页(共 77 页)

项目编码	011206002001	项目名称		块料零星项目			计量单位	m^2	工程量	19.56
清单综合单价组成明细													

定额编号	定额项目名称	定额单位	数量	单价(元)					合价(元)				
				人工费	材料费	机械费	管理费	利润	人工费	材料费	机械费	管理费	利润
14－103	马赛克(砂浆粘贴)	$10m^2$	0.1	843.2	369.39	4.17	160.21	118.05	84.32	36.94	0.42	16.02	11.81
综合人工工日		小计							84.32	36.94	0.42	16.02	11.81
0.99 工日		未计价材料费											
清单项目综合单价									149.51				

	主要材料名称、规格、型号	单位	数量	单价(元)	合价(元)	暂估单价(元)	暂估合价(元)
材料费明细	陶瓷马赛克	m^2	1.05	25	26.25		
	白水泥	kg	0.25	0.7	0.18		
	901 胶	kg	1.4942	2.5	3.74		
	棉纱头	kg	0.01	6.5	0.07		
	水	m^3	0.013234	4.7	0.06		
	水泥 32.5 级	kg	9.8281			0.5	4.91
	中砂	t	0.025034	69.37	1.74		
	其他材料费			—	－0.01	—	
	材料费小计			—	32.03	—	4.91

【新点 2013 清单造价江苏版 V10.3.0】

综合单价分析表

工程名称：小游园　　　　　　　　　　标段：　　　　　　　　　　第 12 页（共 77 页）

项目编码	010103001003	项目名称	回填方						计量单位	m³		工程量	2.35
清单综合单价组成明细													
定额编号	定额项目名称	定额单位	数量	单价（元）					合价（元）				
				人工费	材料费	机械费	管理费	利润	人工费	材料费	机械费	管理费	利润
D00002	回填种植土	m³	1		20					20			
综合人工工日		小计								20			
0.00 工日		未计价材料费											
清单项目综合单价									20				

材料费明细	主要材料名称、规格、型号	单位	数量	单位（元）	合价（元）	暂估单位（元）	暂估合价（元）
	回填种植土	m³	1	20	20		
	其他材料费			—		—	
	材料费小计			—	20	—	

【新点 2013 清单造价江苏版 V10.3.0】

综合单价分析表

工程名称：小游园　　　　　　　　标段：　　　　　　　　第 61 页（共 77 页）

项目编码	050102001001	项目名称	栽植乔木	计量单位	株	工程量	2

清单综合单价组成明细													
定额编号	定额项目名称	定额单位	数量	单价（元）					合价（元）				
				人工费	材料费	机械费	管理费	利润	人工费	材料费	机械费	管理费	利润
3－102 备注 1	栽植乔木（带土球）土球直径在 40cm 内	10 株	0.1	45.12	2.05		8.57	6.32	4.51	0.21		0.86	0.63
3－408 备注 1	常绿乔木（Ⅲ级）胸径 10cm 以内	10 株	0.1	35.65	25.13	35.99	6.77	4.99	3.57	2.51	3.6	0.68	0.5
3－408	常绿乔木（Ⅲ级）胸径 10cm 以内	10 株	0.1	29.71	20.94	29.99	5.64	4.16	2.97	2.09	3	0.56	0.42
综合人工工日		小计							11.05	4.81	6.6	2.1	1.55
0.30 工日		未计价材料费							174.9				
清单项目综合单价									201.01				

材料费明细	主要材料名称、规格、型号	单位	数量	单位（元）	合价（元）	暂估单位（元）	暂估合价（元）
	桧柏（胸径 5cm）	株	1.02	170	173.4		
	基肥	kg	0.1	15	1.5		
	水	m^3	0.358	4.1	1.47		
	肥料	kg	1.1	2	2.2		
	药剂	kg	0.044	26	1.14		
	其他材料费			—		—	
	材料费小计			—	179.71	—	

【新点 2013 清单造价江苏版 V10.3.0】

综合单价分析表

工程名称：小游园　　　　　　标段：　　　　　　第 62 页(共 77 页)

项目编码	050102001002	项目名称	栽植乔木				计量单位	株	工程量	7		
清单综合单价组成明细												
定额编号	定额项目名称	定额单位	数量	单价(元)					合价(元)			
				人工费	材料费	机械费	管理费	利润	人工费	材料费	机械费	管理费	利润
3－108 备注 1	栽植乔木(带土球)土球直径在120cm 内	10 株	0.1	708.99	16.4	131.64	134.71	99.26	70.9	1.64	13.16	13.47	9.93
3－414 备注 1	落叶乔木(Ⅲ级)胸径 20cm 以内	10 株	0.1	86.98	31.65	44.69	16.53	12.18	8.7	3.17	4.47	1.65	1.22
3－414	落叶乔木(Ⅲ级)胸径 20cm 以内	10 株	0.1	72.48	26.38	37.24	13.77	10.15	7.25	2.64	3.72	1.38	1.02
综合人工工日		小计							86.85	7.45	21.35	16.5	12.17
2.35 工日		未计价材料费							627.5				
清单项目综合单价									771.82				

材料费明细	主要材料名称、规格、型号	单位	数量	单价(元)	合价(元)	暂估单价(元)	暂估合价(元)
	垂柳(胸径 15cm)	株	1.1	550	605		
	基肥	kg	1.5	15	22.5		
	水	m^3	0.785	4.1	3.22		
	肥料	kg	1.54	2	3.08		
	药剂	kg	0.044	26	1.14		
	其他材料费			—	0.01	—	
	材料费小计			—	634.95	—	

【新点 2013 清单造价江苏版 V10.3.0】

综合单价分析表

工程名称：小游园　　　　标段：　　　　第 63 页（共 77 页）

项目编码	050102001003	项目名称	栽植乔木	计量单位	株	工程量	4

清单综合单价组成明细

定额编号	定额项目名称	定额单位	数量	单价（元）					合价（元）				
				人工费	材料费	机械费	管理费	利润	人工费	材料费	机械费	管理费	利润
3－105 备注 1	栽植乔木（带土球）土球直径在 70cm 内	10 株	0.1	247.9	5.13		47.1	34.71	24.79	0.51		4.71	3.47
3－413 备注 1	落叶乔木（Ⅲ级）胸径 10cm 以内	10 株	0.1	62.91	25.13	37.06	11.95	8.81	6.29	2.51	3.71	1.2	0.88
3－413	落叶乔木（Ⅲ级）胸径 10cm 以内	10 株	0.1	52.43	20.94	30.89	9.96	7.34	5.24	2.09	3.09	1	0.73
综合人工工日		小计							36.32	5.11	6.8	6.91	5.08
0.98 工日		未计价材料费							229.5				
清单项目综合单价									289.72				

材料费明细	主要材料名称、规格、型号	单位	数量	单位（元）	合价（元）	暂估单位（元）	暂估合价（元）
	龙爪槐（胸径 8cm）	株	1.05	210	220.5		
	基肥	kg	0.6	15	9		
	水	m^3	0.433	4.1	1.78		
	肥料	kg	1.1	2	2.2		
	药剂	kg	0.044	26	1.14		
	其他材料费			—	－0.01	—	
	材料费小计			—	234.61	—	

【新点 2013 清单造价江苏版 V10.3.0】

综合单价分析表

工程名称：小游园　　　　标段：　　　　第 64 页（共 77 页）

项目编码	050102002001	项目名称	栽植灌木					计量单位	株	工程量	4	
清单综合单价组成明细												
定额编号	定额项目名称	定额单位	数量	单价（元）					合价（元）			
				人工费	材料费	机械费	管理费	利润	人工费	材料费	机械费	管理费	利润
3−143 备注 1	栽植灌木（带土球）土球直径在 80cm 内	10 株	0.1	332.19	6.15		63.12	46.51	33.22	0.62		6.31	4.65
3−426 备注 1	球类植物（Ⅲ级）蓬径 200cm 以内	10 株	0.1	18.25	17.27	22.61	3.47	2.56	1.83	1.73	2.26	0.35	0.26
3−426	球类植物（Ⅲ级）蓬径 200cm 以内	10 株	0.1	15.21	14.4	18.85	2.89	2.13	1.52	1.44	1.89	0.29	0.21
综合人工工日		小计							36.57	3.79	4.15	6.95	5.12
0.99 工日		未计价材料费							327				
清单项目综合单价									383.58				

	主要材料名称、规格、型号	单位	数量	单位（元）	合价（元）	暂估单位（元）	暂估合价（元）
材料费明细	大叶黄杨球（蓬径 2m）	株	1.05	300	315		
	基肥	kg	0.8	15	12		
	水	m^3	0.3612	4.1	1.48		
	肥料	kg	0.836	2	1.67		
	药剂	kg	0.0242	26	0.63		
	其他材料费			—	0.01	—	
	材料费小计			—	330.79	—	

【新点 2013 清单造价江苏版 V10.3.0】

综合单价分析表

工程名称：小游园　　　　标段：　　　　第 65 页(共 77 页)

项目编码	050102007001	项目名称	栽植色带				计量单位	m²	工程量	50
清单综合单价组成明细										
定额编号	定额项目名称	定额单位	数量	单价(元)					合价(元)	
				人工费	材料费	机械费	管理费	利润	人工费	材料费	机械费	管理费	利润
3－173 备注 1	栽植片植绿篱、小灌木及地被高度在150cm 内(1.5 株内/m²)	10m²	0.1	165.1	0.62		31.37	23.11	16.51	0.06		3.14	2.31
3－451 备注 1	地被植物(Ⅲ级)片植	10m²	0.1	8.52	8.59	4.72	1.62	1.19	0.85	0.86	0.47	0.16	0.12
3－451	地被植物(Ⅲ级)片植	10m²	0.1	7.1	7.16	3.93	1.35	0.99	0.71	0.72	0.39	0.14	0.1
综合人工工日		小计							18.07	1.64	0.86	3.44	2.53
0.49 工日		未计价材料费							31.5				
清单项目综合单价									58.04				

材料费明细	主要材料名称、规格、型号	单位	数量	单位(元)	合价(元)	暂估单位(元)	暂估合价(元)
	金银木(3 株/m²)	m²	1.02	30	30.6		
	基肥	kg	0.06	15	0.9		
	水	m³	0.059	4.1	0.24		
	肥料	kg	0.44	2	0.88		
	药剂	kg	0.0198	26	0.51		
	其他材料费			—	0.01	—	
	材料费小计			—	33.14	—	

【新点 2013 清单造价江苏版 V10.3.0】

综合单价分析表

工程名称：小游园　　　　标段：　　　　第 66 页（共 77 页）

项目编码	050102007002	项目名称	栽植色带					计量单位	m^2	工程量	50
清单综合单价组成明细											
定额编号	定额项目名称	定额单位	数量	单价（元）					合价（元）				
				人工费	材料费	机械费	管理费	利润	人工费	材料费	机械费	管理费	利润
3－173 备注 1	栽植片植绿篱、小灌木及地被高度在 150cm 内（1.5 株内/m^2）	$10m^2$	0.1	165.1	0.62		31.37	23.11	16.51	0.06		3.14	2.31
3－451 备注 1	地被植物（Ⅲ级）片植	$10m^2$	0.1	8.52	8.59	4.72	1.62	1.19	0.85	0.86	0.47	0.16	0.12
3－451	地被植物（Ⅲ级）片植	$10m^2$	0.1	7.1	7.16	3.93	1.35	0.99	0.71	0.72	0.39	0.14	0.1
综合人工工日		小计							18.07	1.64	0.86	3.44	2.53
0.49 工日		未计价材料费							123.3				
清单项目综合单价									149.84				

材料费明细	主要材料名称、规格、型号	单位	数量	单价（元）	合价（元）	暂估单价（元）	暂估合价（元）
	珍珠梅 4 株/m^2）	m^2	1.02	120	122.4		
	基肥	kg	0.06	15	0.9		
	水	m^3	0.059	4.1	0.24		
	肥料	kg	0.44	2	0.88		
	药剂	kg	0.0198	26	0.51		
	其他材料费			—	0.01	—	
	材料费小计			—	124.94	—	

【新点 2013 清单造价江苏版 V10.3.0】

综合单价分析表

工程名称：小游园　　　　标段：　　　　第 67 页(共 77 页)

项目编码	050102008001	项目名称	栽植花卉						计量单位	m²		工程量	50
清单综合单价组成明细													
定额编号	定额项目名称	定额单位	数量	单价(元)					合价(元)				
				人工费	材料费	机械费	管理费	利润	人工费	材料费	机械费	管理费	利润
3-199	露地花卉栽植普通花坛 49 株内/m²	10m²	0.1	37.37	4.84		7.1	5.23	3.74	0.48		0.71	0.52
3-452	露地花卉(Ⅲ级)木本	10m²	0.1	2.66	4.75	3.71	0.51	0.37	0.27	0.48	0.37	0.05	0.04
3-452	露地花卉(Ⅲ级)木本	10m²	0.1	2.22	3.96	3.08	0.42	0.31	0.22	0.4	0.31	0.04	0.03
综合人工工日		小计							4.23	1.36	0.68	0.8	0.59
0.11 工日		未计价材料费							184.05				
清单项目综合单价									191.71				

材料费明细	主要材料名称、规格、型号	单位	数量	单位(元)	合价(元)	暂估单位(元)	暂估合价(元)
	月季	m²	1.02			180	183.6
	基肥	kg	0.03	15	0.45		
	水	m³	0.1532	4.1	0.63		
	肥料	kg	0.22	2	0.44		
	药剂	kg	0.011	26	0.29		
	其他材料费			—		—	
	材料费小计			—	1.81	—	183.6

【新点 2013 清单造价江苏版 V10.3.0】

总价措施项目清单与计价表

工程名称：小游园　　　　　　　　　　　　　　　　标段：　　　　　　　　　　　　　　　　第 1 页(共 2 页)

序号	项目编码	项目名称	计算基础	费率(%)	金额(元)	调整费率(%)	调整后金额(元)	备注
1	050405001001	安全文明施工费		100.000	1664.46			
1.1		基本费	分部分项合计+单价措施项目合计－设备费	0.900	1664.46			
1.2		增加费	分部分项合计+单价措施项目合计－设备费					
2	050405002001	夜间施工	分部分项合计+单价措施项目合计－设备费					
3	050405003001	非夜间施工照明	分部分项合计+单价措施项目合计－设备费					
4	050405004001	二次搬运	分部分项合计+单价措施项目合计－设备费					
5	050405005001	冬雨季施工	分部分项合计+单价措施项目合计－设备费					
6	050405006001	反季节栽植影响措施	分部分项合计+单价措施项目合计－设备费					
7	050405007001	地上、地下设施的临时保护设施	分部分项合计+单价措施项目合计－设备费					
8	050405008001	已完工程及设备保护	分部分项合计+单价措施项目合计－设备费					
9	050405009001	临时设施	分部分项合计+单价措施项目合计－设备费					
10	050405010001	赶工措施	分部分项合计+单价措施项目合计－设备费					
11	050405011001	工程按质论价	分部分项合计+单价措施项目合计－设备费					

【新点 2013 清单造价江苏版 V10.3.0】

编制人(造价人员)：　　　　　　　　　　　　　　　　复核人(造价工程师)：

总价措施项目清单与计价表

工程名称：小游园　　　　标段：　　　　第 2 页(共 2 页)

序号	项目编码	项目名称	计算基础	费率(%)	金额(元)	调整费率(%)	调整后金额(元)	备注
12	050405012001	特殊条件下施工增加费	分部分项合计＋单价措施项目合计－设备费					
合　计					1664.46			

【新点 2013 清单造价江苏版 V10.3.0】

编制人(造价人员)：　　　　复核人(造价工程师)：

其他项目清单与计价汇总表

工程名称：小游园　　　　标段：　　　　第1页(共1页)

序号	项目名称	金额(元)	结算金额(元)	备注
1	暂列金额	10000.00		
2	暂估价			
2.1	材料暂估价			
2.2	专业工程暂估价			
3	计日工			
4	总承包服务费			
合　计		10000.00		

【新点2013清单造价江苏版V10.3.0】

暂列金额明细表

工程名称:小游园　　　　标段:　　　　第 1 页(共 1 页)

序号	项目名称	计量单位	暂定金额(元)	备注
1	暂列金		10000.00	
合　计			10000.00	

【新点 2013 清单造价江苏版 V10.3.0】

材料(工程设备)暂估单价及调整表

工程名称:小游园　　　　　　　　　　　　　　　　　　标段:　　　　　　　　　　　第 1 页(共 1 页)

序号	材料编码	材料(工程设备)名称、规格、型号	计量单位	数量		暂估(元)		确认(元)		差额±(元)		备注
				投标	确认	单价	合价	单价	合价	单价	合价	
1	1001	水泥 32.5 级	kg	1329.762498		0.50	664.88					
2	1002	月季	m^2	51		180.00	9180.00					
合计							9844.88					

【新点 2013 清单造价江苏版 V10.3.0】

专业工程暂估价及结算价表

工程名称：小游园　　　　　　　　　　　　标段：　　　　　　　　　　第1页(共1页)

序号	工程名称	工程内容	暂估金额（元）	结算金额（元）	差额±（元）	备注
合　计						

【新点2013清单造价江苏版V10.3.0】

计日工表

工程名称:小游园　　　　　　　　　　　　　　标段:　　　　　　　　　　　　第 1 页(共 1 页)

编号	项目名称	单位	暂定数量	实际数量	综合单价	合价(元)	
						暂定	实际
一	人工						
人工小计							
二	材料						
材料小计							
三	施工机械						
机械小计							
四	企业管理费和利润						
总计							

【新点 2013 清单造价江苏版 V10.3.0】

总承包服务费计价表

工程名称：小游园　　　　　　　　标段：　　　　　　　　第 1 页(共 1 页)

序号	项目名称	项目价值(元)	服务内容	计算基础	费率(%)	金额(元)
1	发包人发包专业工程			项目价值		
2	发包人供应材料			项目价值		
	合　计					

【新点 2013 清单造价江苏版 V10.3.0】

规费、税金项目计价表

工程名称：小游园　　　　标段：　　　　第 1 页(共 1 页)

序号	项目名称	计算基础	计算基数(元)	计算费率(%)	金额(元)
1	规费	工程排污费＋社会保险费＋住房公积金	7077.76	100.000	7077.76
1.1	社会保险费	分部分项工程费＋措施项目费＋其他项目费－工程设备费	196604.80	3.000	5898.14
1.2	住房公积金	分部分项工程费＋措施项目费＋其他项目费－工程设备费	196604.80	0.500	983.02
1.3	工程排污费	分部分项工程费＋措施项目费＋其他项目费－工程设备费	196604.80	0.100	196.60
2	税金	分部分项工程费＋措施项目费＋其他项目费＋规费－按规定不计税的工程设备金额	203682.56	3.477	7082.04
合　计					14159.80

【新点 2013 清单造价江苏版 V10.3.0】

编制人(造价人员)：　　　　复核人(造价工程师)

总价项目进度款支付分解表

工程名称：小游园　　　　　　　　　　　　　标段：　　　　　　　　　　　　（单位：元）

序号	项目名称	总价金额	首次支付	二次支付	三次支付	四次支付	五次支付	
1	安全文明施工费	1664.46						
2	社会保险费	5898.14						
3	住房公积金	983.02						
4	工程排污费	196.60						
合　计		8742.22						

【新点 2013 清单造价江苏版 V10.3.0】

编制人（造价人员）：　　　　　　　　　　　　复核人（造价工程师）

发包人提供材料和工程设备一览表

工程名称：小游园　　　　标段：　　　　第 1 页(共 1 页)

序号	材料编码	材料(工程设备)名称、规格、型号	单位	数量	单价(元)	合价(元)	交货方式	送达地点	备注
合计									

【新点 2013 清单造价江苏版 V10.3.0】

承包人提供主要材料和工程设备一览表

（适用造价信息差额调整法）

工程名称：小游园　　　　　　　　　　　　　　　标段：　　　　　　　　　　　第1页（共1页）

序号	材料编码	名称、规格、型号	单位	数量	风险系数（%）	基准单价（元）	投标单价（元）	发承包人确认单价（元）	备注

【新点 2013 清单造价江苏版 V10.3.0】

承包人供应主要材料一览表

工程名称：小游园　　　　　　　　　　　　标段：　　　　　　　　　　第 1 页(共 2 页)

序号	材料编码	材料名称	规格、型号等要求	单位	数量	单价(元)	合价(元)	备注
1	0130070	钢筋	(综合)	t	3.739322	3800.00	14209.42	
2	0130090	钢支撑	(钢管)	kg	9.03969	3.75	33.90	
3	0130140	零星卡具		kg	2.310439	4.20	9.70	
4	0130161	型钢	(综合)	t	4.156191	3900.00	16209.14	
5	0130180	组合钢模板		kg	2.71041	4.35	11.79	
6	0330040	复合木模板	18mm	m^2	6.318708	24.00	151.65	
7	0330130	树棍	长 1200mm 内	根	12	3.05	36.60	
8	0330131	树棍	长 2000mm 内	根	69.29	5.08	351.99	
9	0330150	周转成材		m^3	10.523738	1065.00	11207.78	
10	04010701	白水泥		kg	87.34126	0.70	61.14	
11	04030107	中砂		t	3.859296	69.37	267.72	
12	04050203	碎石	5mm—16mm	t	0.024	68.00	1.63	
13	04050207	碎石	5mm—40mm	t	0.33	62.00	20.46	
14	04090602	滑石粉		kg	53.29662	0.62	33.04	
15	0430080	水泥	32.5 级	kg	22765.728764	0.30	6829.72	
16	0530150	标准砖	240mm × 115mm ×53mm	百块	126.67045	28.20	3572.11	
17	0530475	生石灰		t	1.488518	164.00	244.12	
18	0530490	石灰膏		m^3	0.011619	118.00	1.37	
19	0530540	碎石	5mm—16mm	t	3.105276	31.50	97.82	
20	0530541	碎石	5mm—20mm	t	52.194146	38.00	1983.38	
21	0530542	碎石	5mm—31.5mm	t	0.89935	36.50	32.83	
22	0530543	碎石	5mm—40mm	t	10.356315	36.50	378.01	
23	0530720	中砂		t	48.38662	36.50	1766.11	
24	0630211	镀锌铁丝	12#	kg	3	4.30	12.90	
25	0630216	镀锌铁丝	22#	kg	26.394539	4.60	121.41	
26	0630217	镀锌铁丝	8#	kg	1.897457	4.20	7.97	
27	0630351	铁钉		kg	250.992012	4.10	1029.07	
28	06612143	墙面砖	200mm×300mm	m^2	11.4765	200.00	2295.30	
29	06670100	陶瓷马赛克		m^2	49.0875	25.00	1227.19	
30	11010307	苯丙乳胶漆		kg	62.936	12.50	786.70	
31	11110705	苯丙清漆		kg	15.734	28.00	440.55	
32	11111715	酚醛清漆		kg	4.40552	13.00	57.27	
33	11430327	大白粉		kg	53.29662	0.85	45.30	
34	12030107	油漆溶剂油		kg	1.10138	14.00	15.42	
35	12410703	羧甲基纤维素		kg	3.58213	2.50	8.96	
36	12413518	901 胶		kg	117.865166	2.50	294.66	
37	1430040	塑料薄膜		m^2	173.275196	0.86	149.02	
38	1530031	电焊条		kg	167.367482	4.80	803.36	
39	1630165	防锈漆	(铁红)	kg	11.407132	20.50	233.85	

【新点 2013 清单造价江苏版 V10.3.0】

承包人供应主要材料一览表

工程名称：小游园　　　　标段：　　　　第 2 页(共 2 页)

序号	材料编码	材料名称	规格、型号等要求	单位	数量	单价(元)	合价(元)	备注
40	1630240	红丹防锈漆		kg	1.89384	14.50	27.46	
41	1630610	油漆溶剂油		kg	1.581187	3.33	5.27	
42	1730008	基肥		kg	23.8	15.00	357.00	
43	1730070	肥料		kg	75.724	2.00	151.45	
44	1730200	氧气		m^3	167.553435	2.60	435.64	
45	1730210	药剂		kg	3.1988	26.00	83.17	
46	1730230	乙炔气		m^3	73.387157	13.60	998.07	
47	2330180	草绳		kg	62	0.38	23.56	
48	2330450	水		m^3	127.601013	4.10	523.16	
49	2330500	粘土		m^3	7.073535	20.00	141.47	
50	2360003－1	桧柏(胸径 5cm)		株	2.04	170.00	346.80	
51	2360006－1	龙爪槐(胸径 8cm)		株	4.2	210.00	882.00	
52	2360009－1	垂柳(胸径 15cm)		株	7.7	550.00	4235.00	
53	2360044－1	大叶黄杨球(蓬径 2m)		株	4.2	300.00	1260.00	
54	2360074－1	金银木(3 株/m^2)		m^2	51	30.00	1530.00	
55	2360074－2	珍珠梅 4 株/m^2)		m^2	51	120.00	6120.00	
56	31110301	棉纱头		kg	0.5768	6.50	3.75	
57	31150101	水		m^3	1.866811	4.70	8.77	
58	CL-D00002	回填种植土		m^3	2.35	20.00	47.00	
59	CL-D00003	回填种植土		m^3	353.89	20.00	7077.80	
60	CL-D00004	回填种植土		m^3	4.07	20.00	81.40	
61	CL-D00005	回填种植土		m^3	6.32	20.00	126.40	
合计							89505.53	

【新点 2013 清单造价江苏版 V10.3.0】

小游园各小品计价表工程量计算表

序号	分部分项工程名称	计量单位	工程量计算式	工程量
一、矮式花台				
1	人工挖基坑	m^3	(1.6+2×0.3)×(1.6+2×0.3)×0.64×4	12.39
2	素土夯实	m^2	(1.6+2×0.3)×(1.6+2×0.3)×4	19.36
3	3:7灰土垫层	m^3	1.6×1.6×0.3×4	3.07
4	素混凝土垫层	m^3	1.6×1.6×0.1×4	1.02
5	垫层模板(接触面积)(下同)	m^2	4×1.6×0.1×4	2.56
6	砖基础	m^3	(1.4×1.4×0.12+1.28×1.28×0.12)×4	1.73
7	砖砌体	m^3	1.14×1.14×0.12×4	0.62
8	回填土	m^3	12.39−3.07−1.02−1.73	6.57
9	余土外运	m^3	12.39−6.57×1.15	4.83
10	混凝土花池	m^3	[0.76×0.16×(1.2−0.16)×4+1.2×1.2×0.12]×4	2.71
11	花池模板	m^2	(1.2×1.2−1.16×1.16+4×1.2×0.88+4×0.88×0.76+0.88×0.88)×4	31.07
12	填种植土	m^3	0.88×0.88×0.76×4	2.35
13	贴白色马赛克	m^2	[1.2×4×0.88+0.16×4×(1.2−0.16)]×4	19.56
二、高式花墙花台				
1	人工挖沟槽	m^3	(0.8+2×0.3)×0.94×7.8×4	41.06
2	素土夯实	m^2	(0.8+2×0.3)×7.8×4	43.68
3	素混凝土垫层	m^3	0.8×0.1×7.8×4	2.50
4	垫层模板	m^2	7.8×2×4×0.1	6.24
5	砖基础	m^3	(0.84+0.129)×0.36×7.8×4	10.88
6	砖墙	m^3	0.36×0.48×7.8×4	5.39
7	混凝土压顶	m^3	0.36×0.12×7.8×4	1.35
8	压顶模板	m^2	(7.8+0.36)×2×4×0.12	7.83
9	混凝土花池	m^3	[0.6×0.12×(1.2−0.12)×4+0.96×0.96×0.12]×8	3.37
10	花池模板	m^2	(1.2×1.2−0.36×1.2+1.2×4×0.6+0.96×4×0.48+0.96×0.96)×8	53.22
11	回填土	m^3	41.06−2.5−10.88	27.68
12	余土外运	m^3	41.06−27.68×1.15	9.23
13	填种植土	m^3	0.96×0.96×0.48×8	3.54
14	墙喷白色涂料	m^2	[(7.8×2+0.36)×0.60+0.36×5.4]×4	46.08
15	花池贴白色马赛克	m^2	[4×1.2×0.6+0.12×(1.2−0.12)×4]×8	27.19

续表

序号	分部分项 工程名称	计量 单位	工程量计算式	工程量
16	6×60 扁铁	m	(0.63×2+3.14×0.267)×9×4	75.54
17	6×40 扁铁	m	0.12×48×4	23.04
18	预埋件	个	12×4	48.00
三、圆式板亭				
1	挖基坑	m^3	(1.4+2×0.3)×(1.4+2×0.3)×0.9	3.60
2	素土夯实	m^2	(1.4+2×0.3)×(1.4+2×0.3)	4.00
3	碎石垫层	m^3	1.4×1.4×0.1	0.20
4	C20 混凝土基础	m^3	1.4×1.4×0.15+1/3×0.05×(1.4×1.4+0.5×0.5+1.4×0.5)+0.5×0.5×0.6	0.49
5	基础模板	m^2	4×1.4×0.15+4×0.5×0.6+1/2×(0.5+1.4) ×0.45×4	3.75
6	回填土	m^3	3.6−0.2−0.49	2.91
7	余土外运	m^3	3.6−2.91×1.15	0.25
8	现浇 C20 圆形柱	m^3	3.14×0.15×0.15×(2.7−0.86)+3.14×0.25×0.25×0.86	0.30
9	柱模板	m^2	2×3.14×0.25×0.86+2×3.14×0.15×(2.7−0.86)+3.14×(0.25×0.25−0.15×0.15)	3.21
10	预制柱帽	m^3	1/3×0.3×3.14×(0.175×0.175+0.25×0.25+0.175×0.25)×1.018	0.04
11	柱帽模板	m^2	3.14×0.25×0.25+3.14×(0.25+0.175)×0.31	0.61
12	柱帽安装	m^3	1/3×0.3×3.14×(0.175×0.175+0.25×0.25+0.175×0.25)×1.01	0.04
13	预制伞板	m^3	[3.14×2.25×2.25×0.06+1/3×0.08×3.14×(2.25×2.25+0.25×0.25+2.25×0.25)]×1.018	1.46
14	伞板模板	m^2	3.14×2.25×2.25+2×3.14×2.25×0.06+3.14×(2.25+0.25)×2.00	32.44
15	伞板安装	m^3	[3.14×2.25×2.25×0.06+1/3×0.08×3.14×(2.25×2.25+0.25×0.25+2.25×0.25)]×1.01	1.44
16	现浇凳腿	m^3	0.32×0.08×2×3.14×0.75	0.12
17	凳腿模板	m^2	2×3.14×(0.79+0.71)×0.32	3.01
18	预制凳面	m^3	0.4×0.08×2×3.14×0.75×1.018	0.15
19	凳面模板	m^2	2×3.14×0.75×0.4+2×3.14×0.08×(0.95+0.55)	2.64
20	凳面安装	m^3	0.4×0.08×2×3.14×0.75×1.01	0.15
21	外刷白色涂料	m^2		43.63
		柱	2×3.14×0.25×0.86+2×3.14×0.15×(2.7−0.86)+3.14×(0.25×0.25−0.15×0.15)	3.21
		柱帽	3.14×(0.25+0.175)×0.31+3.14×(0.175×0.175−0.15×0.15)	0.44

续表

序号	分部分项工程名称	计量单位	工程量计算式	工程量
		伞板	3.14×2.25×2.25+2×3.14×2.25×0.06+3.14×(2.25+0.25)×2.00	32.44
		凳面	2×3.14×0.75×0.4×2+2×3.14×0.08×(0.95+0.55)	4.52
		凳腿	2×3.14×(0.79+0.71)×0.32	3.01
四、圆形花坛				
1	挖沟槽	m^3	(0.2+2×0.3)×0.8×2×3.14×(2−0.2/2)	7.63648
2	素土夯实	m^2	(0.2+2×0.3)×2×3.14×1.9	9.5456
3	3:7灰土垫层	m^3	0.3×0.4×2×3.14×1.9	1.43184
4	花池壁	m^3	0.2×1.1×2×3.14×1.9	2.62504
5	花池壁模板	m^2	2×3.14×(1.8+2)×1.1	26.2504
6	贴大理石	m^2	2×3.14×1.8×0.2+0.2×2×3.14×1.9+2×3.14×2×0.5	10.9272
7	回填土	m^3	7.64−1.43−0.2×0.5×2×3.14×1.9	5.0168
8	余土外运	m^3	7.64−5.02×1.15	1.867
9	填种植土	m^3	3.14×1.8×1.8×(0.6−0.2)	4.06944
五、连座花坛				
	挖基坑	m^3	(1.88+2×0.3)×(1.88+2×0.3)×0.87×3+0.08×0.15×0.3×8	16.08
	素土夯实	m^2	(1.88+2×0.3)×(1.88+2×0.3)×3+0.08×0.15×8	18.55
	3:7灰土垫层	m^3	1.88×1.88×0.15×3	1.59
	C10 混凝土垫层	m^3	1.88×1.88×0.1×3	1.06
	垫层模板	m^2	4×1.88×0.1×3	2.26
	砖基础	m^3	(1.68×1.68×0.12+1.44×1.44×0.5)×3	4.13
	回填土	m^3	16.08−1.59−1.06−4.13−0.15×0.3×0.08×8	9.27
	余土外运	m^3	16.08−9.27×1.15	5.42
	砖砌体	m^3	1.44×1.44×0.1×3	0.62
	现浇混凝土花池	m^3	(0.65×0.1×4×1.9+2×2×0.1)×3	2.68
	模板		(2×4×0.75+4×1.8×0.65+1.8×1.8+2×2−1.44×1.44)×3	47.54
	预制 C20 坐凳	m^3	[(0.3×0.15+0.25×0.37)×0.08×8+0.4×0.08×3×2]×1.018	0.29
	模板	m^2	[0.4×3+(0.4+3)×2×0.08]×2+0.15×0.3+0.25×0.37+(0.37+0.25+0.37+0.25+0.3×2)×0.08×8	4.80
	安装	m^3	[(0.3×0.15+0.25×0.37)×0.08×8+0.4×0.08×3×2]×1.01	0.28

续表

序号	分部分项工程名称	计量单位	工程量计算式	工程量
	花坛水泥抹面	m²	(4×2×0.75+4×1.9×0.1+4×1.44×0.1)×3	22.01
	刷涂料	m²	(4×2×0.75+4×1.9×0.1+4×1.44×0.1)×3	22.01
	水磨石	m²	(0.4+2×0.08)×6	3.36
六、花架				
	人工挖基坑	m³	(0.8+2×0.3)×(0.9+2×0.3)×1.2×6	15.12
	素土夯实	m²	(0.8+2×0.3)×(0.9+2×0.3)×6	12.60
	素混凝土垫层	m³	0.8×0.9×0.1×6	0.43
	垫层模板	m²	(0.8+0.9)×2×0.1×6	2.04
	钢筋混凝土基础	m³	(0.8×0.7×0.3+0.2×0.3×0.8)×6	1.30
	基础模板	m²	[(0.8+0.7)×2×0.3+(0.2+0.3)×2×0.8+0.7×0.8−0.2×0.3]×6	13.20
	回填土	m³	15.12−0.43−1.3	13.39
	场外取土	m³	15.12−13.39×1.15	−0.28
	预制柱	m³	(0.3×0.45+1/2×(0.3+0.68)×1.75+1/2×0.2×0.03−1/2×(0.1+0.2)×0.71−2×1/2×(0.15+0.2)×0.17−1/2×0.68×0.12)×0.2×6×1.018	0.96
	柱安装	m³	(0.3×0.45+1/2×(0.3+0.68)×1.75+1/2×0.2×0.03−1/2×(0.1+0.2)×0.71−2×1/2×(0.15+0.2)×0.17−1/2×0.68×0.12)×0.2×6×1.01	0.96
	预制梁	m³	1/2×(0.15+0.2)×0.15×2.4×6×1.018	0.38
	梁安装	m³	1/2×(0.15+0.2)×0.15×2.4×6×1.01	0.38
	预制花架	m³	(1/2×(0.08+0.25)×0.8+1/2×(0.08+0.25)×1.5)×0.06×19×1.018	0.44
	花架安装	m³	(1/2×(0.08+0.25)×0.8+1/2×(0.08+0.25)×1.5)×0.06×19×1.01	0.44
	花架喷涂料	m²		48.37
	柱抹灰		[(0.3×0.45+1/2×(0.3+0.68)×1.75+1/2×0.2×0.03−1/2×(0.1+0.2)×0.71−2×1/2×(0.15+0.2)×0.17−1/2×0.68×0.12]×2+[(0.45+1.76+0.18+0.2+0.17+0.15+0.71+0.1)×2+0.1)×0.2]×6	18.51
	梁抹灰		[(0.15+0.15+0.2)×2.4+2×1/2×(0.15+0.2)×0.15+0.16×2.4]×6	9.82
	花架抹灰		[(1/2×(0.08+0.25)×0.8+1/2×(0.08+0.25)×1.5]×2+(0.08×2+0.81+0.86+1.57+1.53)×0.06)×19	20.04

附　录

一、投影的概念

1. 人工挖土方

工作内容：挖土、挖土或装筐、修整底边。

（计量单位：m^3）

定额编号				1—1		1—2		1—3		1—4	
项目		单位	单价	深度在 2m 以内							
				干土							
				一类土		二类土		三类土		四类土	
				数量	合计	数量	合计	数量	合计	数量	合计
综合单价		元		7.57		11.36		19.56		29.66	
其中	人工费	元		4.88		7.33		12.62		19.13	
	材料费	元		—		—		—		—	
	机械费	元		—		—		—		—	
	管理费	元		2.10		3.15		5.43		8.23	
	利润	元		0.59		0.88		1.51		2.30	
综合人工		工日	37.00	0.132	4.88	0.198	7.33	0.341	12.62	0.517	19.13

工作内容：同前。

（计量单位：m³）

定额编号				1—5		1—6		1—7		1—8	
项目		单位	单价	深度在2m以内							
				湿土							
				一类土		二类土		三类土		四类土	
				数量	合计	数量	合计	数量	合计	数量	合计
综合单价		元		8.19		12.62		23.35		35.32	
其中	人工费	元		8.19		12.62		23.35		35.32	
	材料费	元		—		—		—		—	
	机械费	元		—		—		—		—	
	管理费	元		2.27		3.50		6.48		9.80	
	利润	元		0.63		0.98		1.81		2.73	
综合人工		工日	37.00	0.143	5.29	0.22	8.14	0.407	15.06	0.616	22.79

工作内容：将挖土倒运至地面。

（计量单位：m³）

定额编号				1—9		1—10	
项目		单位	单价	挖土深度超过2m增加费			
				深度在3m以内		深度在4m以内	
				数量	合计	数量	合计
综合单价		元		5.67		8.83	
其中	人工费	元		3.66		5.70	
	材料费	元		—		—	
	机械费	元		—		—	
	管理费	元		1.57		2.45	
	利润	元		0.44		0.68	
综合人工		工日	37.00	0.099	3.66	0.154	5.70

注：工程量按全部深度计算，水平运输应另行计算。

工作内容：同前。

（计量单位：m³）

定额编号				1—11		1—12		1—13	
项目		单位	单价	挖土深度超过2m增加费					
				深度在5m以内		深度在6m以内		超过6m每增加1m	
				数量	合计	数量	合计	数量	合计
综合单价		元		11.98		15.14		4.42	
其中	人工费	元		7.73		9.77		2.85	
	材料费	元		—		—		—	
	机械费	元		—		—			
	管理费	元		3.32		4.20		1.23	
	利润	元		0.93		1.17		0.34	
综合人工		工日	37.00	0.209	7.73	0.264	9.77	0.077	2.85

注：同前。

2. 人工、人力车运土、石方(石碴)

工作内容：(1) 清理道理，铺、移及拆除道板。

(2) 运土(石)、卸土(石)。

（计量单位：m³）

定额编号				1—85		1—86		1—87	
项目		单位	单价	人工挑抬					
				运距在20m以内					
				土		淤泥、流沙		石(碴)	
				数量	合计	数量	合计	数量	合计
综合单价		元		13.87		23.35		20.18	
其中	人工费	元		8.95		15.06		13.02	
	材料费	元		—		—		—	
	机械费	元		—		—			
	管理费	元		3.85		6.48		5.00	
	利润	元		1.07		1.81		1.56	
综合人工		工日	37.00	0.242	8.95	0.407	15.06	0.352	13.02

工作内容：同前。

（计量单位：m³）

定额编号				1—88		1—89		1—90	
项目		单位	单价	人工挑抬					
				运距在20m以内每增加20m					
				土		淤泥、流沙		石(碴)	
				数量	合计	数量	合计	数量	合计
综合单价		元		3.41		4.54		3.97	
其中	人工费	元		2.20		2.93		2.56	
	材料费	元		—		—		—	
	机械费	元		—		—			
	管理费	元		0.95		1.26		1.10	
	利润	元		0.26		0.35		0.31	
综合人工		工日	37.00	0.0594	2.30	0.0792	2.93	0.0693	2.56

工作内容：同前。

（计量单位：m³）

定额编号				1—91		1—92		1—93	
项目		单位	单价	单(双)轮车运输					
				运距在50m以内					
				土		淤泥、流沙		石(碴)	
				数量	合计	数量	合计	数量	合计
综合单价		元		11.98		20.18		12.62	
其中	人工费	元		7.73		13.02		8.14	
	材料费	元		—		—		—	
	机械费	元		—		—			
	管理费	元		3.32		5.60		3.50	
	利润	元		0.93		1.56		0.98	
综合人工		工日	37.00	0.209	7.73	0.352	13.02	0.22	8.14

工作内容：同前。

（计量单位：m^3）

定额编号				1－94		1－95		1－96	
项目		单位	单价	单(双)轮车运输					
				运距在500m以内每增加50m					
				土		淤泥、流沙		石(碴)	
				数量	合计	数量	合计	数量	合计
综合单价		元		2.28		3.97		3.41	
其中	人工费	元		1.47		2.56		2.20	
	材料费	元		—		—		—	
	机械费	元		—		—			
	管理费	元		0.63		1.10		0.95	
	利润	元		0.18		0.31		0.26	
综合人工		工日	37.00	0.0396	1.47	0.0693	2.56	0.0594	2.20

工作内容：同前。

（计量单位：$1000m^3$）

定额编号					1－139		1－140		1－141		1－142	
项目			单位	单价	拖式铲运机（斗容量6－8m^3以内）运距（m以内）							
					200		400		600		800	
					数量	合计	数量	合计	数量	合计	数量	合计
综合单价			元		7327.55		10486.27		14238.93		18085.26	
其中	人工费		元		244.20		244.20		244.20		244.20	
	材料费		元		15.58		15.58		15.58		15.58	
	机械费		元		4473.20		6511.09		8932.16		11413.66	
	管理费		元		2028.48		2904.77		3945.83		5012.88	
	利润		元		566.09		810.63		1101.16		1398.94	
综合人工			工日	37.00	6.60	244.20	6.60	244.20	6.60	244.20	6.60	244.20
材料	305010101	水	m^3	4.10	3.80	15.58	3.80	15.58	3.80	15.58	3.80	15.58
机械	01017	拖式铲运机7m^3	台班	672.69	6.00	4036.14	8.79	5912.95	12.106	8143.59	15.505	10430.06
	01002	履带式推土机75kW	台班	575.31	0.60	345.19	0.88	506.27	1.211	696.70	1.55	891.73
	04034	洒水汽车4000L	台班	402.95	0.228	91.87	0.228	91.87	0.228	91.87	0.228	91.87

工作内容：同前。

（计量单位：m³）

定额编号					1—139		1—140		1—141		1—142	
项目			单位	单价	拖式铲运机（斗容量6—8m³以内）运距（m以内）							
					200		400		600		800	
					数量	合计	数量	合计	数量	合计	数量	合计
综合单价			元		7327.55		10486.27		14238.93		18085.26	
其中	人工费		元		244.20		244.20		244.20		244.20	
	材料费		元		15.58		15.58		15.58		15.58	
	机械费		元		4473.20		6511.09		8932.16		11413.66	
	管理费		元		2028.48		2904.77		3945.83		5012.88	
	利润		元		566.09		810.63		1101.16		1398.94	
综合人工			工日	37.00	6.60	244.20	6.60	244.20	6.60	244.20	6.60	244.20
材料	305010101	水	m³	4.10	3.80	15.58	3.80	15.58	3.80	15.58	3.80	15.58
机械	01017	拖式铲运机7m³	台班	672.69	6.00	4036.14	8.79	5912.95	12.106	8143.59	15.505	10430.06
	01002	履带式推土机75kW	台班	575.31	0.60	345.19	0.88	506.27	1.211	696.70	1.55	891.73
	04034	洒水汽车4000L	台班	402.95	0.228	91.87	0.228	91.87	0.228	91.87	0.228	91.87

3. 挖掘机挖土

工作内容：挖土，将土堆放一边或装车；清理机下余土；修理边坡，工作面内排水。

（计量单位：1000m³）

定额编号					1—143		1—144		1—145		1—146	
项目			单位	单价	挖掘机挖土（斗容量1m³以内）							
					正铲				反铲			
					装车		不装车		装车		不装车	
					数量	合计	数量	合计	数量	合计	数量	合计
综合单价			元		4031.80		3843.02		4601.84		3627.26	
其中	人工费		元		122.10		122.10		122.10		122.10	
	材料费		元		—		—		—		—	
	机械费		元		2479.06		2357.27		2846.83		2218.07	
	管理费		元		1118.50		1066.13		1276.64		1006.27	
	利润		元		312.14		297.52		356.27		280.82	
综合人工			工日	37.00	3.30	122.10	3.30	122.10	3.30	122.10	3.30	122.10
机械	01043	履带式单斗挖掘机（液压）1m³	台班	990.40	2.366	2342.29	2.25	2228.40	2.717	2690.92	2.117	2096.68
	01002	履带式推土机75kW	台班	575.31	0.236	135.77	0.224	128.87	0.271	155.91	0.211	121.39

4. 砖砌外墙

工作内容：同前。

（计量单位：m^3）

定额编号					1—201		1—202		1—203		1—204	
项目			单位	单价	砖砌外墙							
					1/2 砖				3/4 砖			
					标准砖		八五砖		标准砖		八五砖	
					数量	合计	数量	合计	数量	合计	数量	合计
综合单价			元		314.29		331.08		316.08		333.51	
其中	人工费		元		79.92		88.80		81.77		90.65	
	材料费		元		185.16		187.47		183.68		186.43	
	机械费		元		3.39		3.85		3.65		4.24	
	管理费		元		35.82		39.84		36.73		40.80	
	利润		元		10.00		11.12		10.25		11.39	
综合人工			工日	37.00	2.16	79.92	2.40	8808.	2.21	81.77	2.45	90.65
材料	302006	混合砂浆 M5	m^3	130.04	0.206	26.79	0.237	30.82	0.225	29.26	0.259	33.68
	201010101	标准砖 240×115×53mm	百块	28.20	5.60	157.92			5.46	153.97		
	201010201	八五砖 216×105×43mm	百块	19.50			8.01	156.20			7.81	152.30
	305010101	水	m^3	4.10	0.11	0.45	0.11	0.45	0.11	0.45	0.11	0.45
机械	06016	灰浆拌和机 200L	台班	65.18	0.052	3.39	0.059	3.85	0.056	3.65	0.065	4.24
措施	13131	卷扬机带塔 1t(H=40m)	台班	116.48	(0.07)	(8.15)	(0.07)	(8.15)	(0.083)	(9.67)	(0.083)	(9.67)

注：1. 围墙按外墙定额执行。

2. 云墙每 m 增加人工 0.3 工日。

3. 砖屏风每 m^3 增加人工 0.2 工日。

4. 半砖墙若用木筋加固者，每 m^3 增加枋材 0.0.5m^3。

5. 砌弧形墙其弧形部分每 m^3 增加人工 15%，砖 5%。

6. 配合安装砖砌抛方、砖博风，按每 m 抛方、博风增加人工 0.1 工日（安装抛方、博风人工按相应定额另计）。

7. 砌体内各种异形洞，每 m 洞口周长标准砖砌体增加人工 0.25 工日，砖 10 块；八五砖砌体增加人工 0.28 工日，砖 14 块。

工作内容：同前。

（计量单位：m³）

定额编号					1—205		1—206		1—207		1—208	
项目			单位	单价	砖砌外墙							
					1砖				1砖半			
					标准砖		八五砖		标准砖		八五砖	
					数量	合计	数量	合计	数量	合计	数量	合计
综合单价				元	294.12		309.49		295.26		311.06	
其中	人工费			元	680.8		75.48		68.08		75.48	
	材料费			元	182.53		185.52		183.37		186.69	
	机械费			元	3.91		4.50		4.11		4.76	
	管理费			元	30.96		34.39		31.04		34.50	
	利润			元	8.64		9.60		8.66		9.63	
综合人工			工日	37.00	1.84	68.08	2.04	75.48	1.84	68.08	2.04	75.48
材料	302006	混合砂浆 M5	m³	130.04	0.24	31.21	0.276	35.89	0.253	32.90	0.291	37.84
	201010101	标准砖 240×115×53mm	百块	28.20	5.35	150.87			5.32	150.02		
	201010201	八五砖 216×105×43mm	百块	19.50			7.65	149.18			7.61	148.40
	305010101	水	m³	4.10	0.11	0.45	0.11	0.45	0.11	0.45	0.11	0.45
机械	06016	灰浆拌和机 200L	台班	65.18	0.06	3.91	0.069	4.50	0.063	4.11	0.073	4.76
措施	13131	卷扬机带塔 1t(H=40m)	台班	116.48	(0.07)	(8.15)	(0.07)	(8.15)	(0.067)	(7.80)	(0.067)	(7.80)

工作内容：同前。

（计量单位：m^3）

<table>
<tr><td colspan="4">定额编号</td><td colspan="2">1—129</td><td colspan="2">1—210</td></tr>
<tr><td colspan="2" rowspan="4">项目</td><td rowspan="4">单位</td><td rowspan="4">单价</td><td colspan="4">砖砌外墙</td></tr>
<tr><td colspan="4">2砖及2砖以上</td></tr>
<tr><td colspan="2">标准砖</td><td colspan="2">八五砖</td></tr>
<tr><td>数量</td><td>合计</td><td>数量</td><td>合计</td></tr>
<tr><td colspan="3">综合单价</td><td>元</td><td colspan="2">290.98</td><td colspan="2">306.18</td></tr>
<tr><td rowspan="5">其中</td><td colspan="2">人工费</td><td>元</td><td colspan="2">290.98</td><td colspan="2">306.18</td></tr>
<tr><td colspan="2">材料费</td><td>元</td><td colspan="2">182.90</td><td colspan="2">186.30</td></tr>
<tr><td colspan="2">机械费</td><td>元</td><td colspan="2">4.24</td><td colspan="2">4.82</td></tr>
<tr><td colspan="2">管理费</td><td>元</td><td colspan="2">29.98</td><td colspan="2">33.26</td></tr>
<tr><td colspan="2">利润</td><td>元</td><td colspan="2">8.37</td><td colspan="2">9.28</td></tr>
<tr><td colspan="2">综合人工</td><td>工日</td><td>37.00</td><td>1.77</td><td>65.49</td><td>1.96</td><td>72.52</td></tr>
<tr><td rowspan="4">材料</td><td>302006</td><td>混合砂浆 M5</td><td>m³</td><td>130.04</td><td>0.258</td><td>33.55</td><td>0.297</td><td>38.62</td></tr>
<tr><td>201010101</td><td>标准砖 240×115×53mm</td><td>百块</td><td>28.20</td><td>5.28</td><td>148.90</td><td></td><td></td></tr>
<tr><td>201010201</td><td>八五砖 216×105×43mm</td><td>百块</td><td>19.50</td><td></td><td></td><td>7.55</td><td>147.23</td></tr>
<tr><td>305010101</td><td>水</td><td>m³</td><td>4.10</td><td>0.11</td><td>0.45</td><td>0.11</td><td>0.45</td></tr>
<tr><td>机械</td><td>06016</td><td>灰浆拌和机 200L</td><td>台班</td><td>65.18</td><td>0.065</td><td>4.24</td><td>0.074</td><td>4.82</td></tr>
<tr><td>措施</td><td>13131</td><td>卷扬机带塔 1t(H—40m)</td><td>台班</td><td>116.48</td><td>(0.067)</td><td>(7.80)</td><td>(0.067)</td><td>(7.80)</td></tr>
</table>

工作内容：同前。

（计量单位：10m）

定额编号					1—234		1—235		1—236		1—237	
项目			单位	单价	含半柱砌体							
					标准砖		八五砖		KP1		KM1	
					数量	合计	数量	合计	数量	合计	数量	合计
综合单价			元		165.80		162.43		156.27		169.01	
其中	人工费		元		72.52		74.37		69.19		69.19	
	材料费		元		51.99		45.54		48.02		60.95	
	机械费		元		0.91		1.04		0.65		0.52	
	管理费		元		31.57		32.43		30.03		29.98	
	利润		元		8.81		9.05		8.38		8.37	
综合人工			工日	37.00	1.96	72.52	2.01	74.37	1.87	69.19	1.87	69.19
材料	201010101	标准砖 240×115×53mm	百块	28.20	1.60	45.12						
	201010201	八五砖 216×105×43mm	百块	19.50			1.92	37.44				
	302002	水泥砂浆 M5	m^3	125.10	0.054	6.76	0.064	8.01	0.04	5.00	0.03	3.75
	201020103	KP1 砖 240×115×90mm	百块	39.00					1.10	42.90		
	201020201	KM1 砖 190×190×90mm	百块	50.60							1.13	57.18
	305010101	水	m^3	4.10	0.026	0.11	0.021	0.09	0.03	0.12	0.004	0.02
机械	06016	灰浆拌和机 200L	台班	65.18	0.014	0.91	0.016	1.04	0.01	0.65	0.008	0.52
措施	13131	卷场机带塔 1t(H=40m)	台班	116.48	(0.016)	(1.86)	(0.013)	(1.51)	(0.01)	(1.16)	(0.012)	(1.40)

5. 其他砖砌体

工作内容：调运、铺砂浆、运砖、砌砖全部操作过程。

（计量单位：1m³）

定额编号					1—238		1—239		1—240	
项目			单位	单价	小型砌体					
					标准砖		八五砖		多孔砖	
					数量	合计	数量	合计	数量	合计
综合单价				元	344.58		364.96		302.14	
其中	人工费			元	100.27		111.37		87.02	
	材料费			元	183.81		186.17		161.91	
	机械费			元	3.45		3.98		3.45	
	管理费			元	44.60		49.60		38.90	
	利润			元	12.45		13.84		10.86	
综合人工			工日	37.00	2.71	100.27	3.01	111.37	2.352	87.02
材料	302006	混合砂浆 M5	m³	130.04	0.213	27.70	0.245	31.86	0.21	27.31
	201010201	标准砖 240×115×53mm	百块	28.20	5.52	155.66				
	201010201	八五砖 216×105×43mm	百块	19 .50			7.89	153.86		
	201020103	KP1 砖 240×115×90mm	百块	39.00					3.44	134.16
	305010101	水	m³	4.10	0.11	0.45	0.11	0.45	0.108	0.44
机械	06016	灰浆拌和机 200L	台班	65.18	0.053	3.45	0.061	3.98	0.053	3.45
措施	13131	卷扬机带塔 1t(H=40m)	台班	116.48	(0.066)	(7.69)	(0.066)	(7.69)	(0.066)	(7.69)

注：小型砖砌体包括花台、花池及毛石墙门窗立边、窗台虎头砖等。

6. 墙基防潮层

工作内容：墙基防潮层：搅拌、运输、浇捣、抹面、养护。

（计量单位：10m³）

定额编号					1—248		1—249	
项目			单位	单价	防水砂浆		防水砼 6cm 厚	
					数量	合计	数量	合计
综合单价				元	107.61		188.51	
其中	人工费			元	30.19		39.52	
	材料费			元	55.46		116.42	
	机械费			元	3.45		6.99	
	管理费			元	14.47		20.00	
	利润			元	4.04		5.58	
综合人工			工日	37.00	0.816	30.19	1.068	39.52
材料	302019	防水砂浆 1:2	m³	264.10	0.21	55.46		
	301061	C20P10 抗渗砼 20mm32.5	m³	190.85			0.61	116.42
机械	06016	灰浆拌和机 200L	台班	65.18	0.053	3.45		
	13072	滚筒式混凝土搅拌机(电动)400L	台班	97.14			0.072	6.99

注：墙基防潮层的模板、钢筋应按其他章节的有关规定另行计算，设计砂浆、砼配合比不同的单价应换算。

工作内容：同前。

（计量单位：m^3）

定额编号					1—253		1—254		1—255	
项目			单位	单价	墙身					
					窗台下石墙		墙		挡土墙	
					数量	合计	数量	合计	数量	合计
综合单价			元		224.36		238.13		196.91	
其中	人工费		元		75.11		83.99		55.50	
	材料费		元		100.07		100.07		102.30	
	机械费		元		5.08		5.08		5.54	
	管理费		元		34.48		38.30		26.25	
	利润		元		9.62		10.69		7.32	
综合人工			工日	37.00	2.03	75.11	2.27	83.99	1.50	55.50
材料	104010201	毛石	t	30.50	2.00	61.00	2.00	61.00	1.95	59.48
	305010101	水	m^3	4.10	0.07	0.29	0.07	0.29	0.07	0.29
	302002	水泥砂浆 M5	m^3	125.10	0.31	38.78	0.31	38.78	0.34	42.53
机械	06016	灰浆拌和机 200L	台班	65.18	0.078	5.08	0.078	5.08	0.085	5.54
措施	13131	卷场机带塔 1t(H=40m)	台班	116.48			(0.079)	(9.20)		

注：1. 石墙(包括窗台下墙)按单面清水考虑，双面清水人工乘以系数 1.24，双面混水人工乘以系数 0.92。

2. 弧形墙的弧形部分每立方米砌体增加 0.15 工日。

工作内容：同前。

（计量单位：m³）

定额编号					1—282		1—283		1—284	
项目			单位	单价	圆形柱					
					自拌		泵送		非泵送	
					数量	合计	数量	合计	数量	合计
综合单价			元		359.95		348.88		339.56	
其中	人工费		元		91.46		35.96		55.94	
	材料费		元		204.80		259.81		249.55	
	机械费		元		8.64		21.50		2.13	
	管理费		元		43.04		24.71		24.97	
	利润		元		12.01		6.90		6.97	
综合人工			工日	37.00	2.472	91.46	0.972	35.96	1.512	55.94
材料	301019	C25 砼 31.5mm32.5	m³	195.79	0.985	192.85				
	303010104	C25 泵送商品砼	m³	250.00			0.99	247.50		
	303010204	C25 非泵送商品砼	m³	240.00					0.99	23.760
	302013	水泥砂浆 1∶2	m³	221.77	0.031	6.87	0.031	6.87	0.031	6.87
	605120102	塑料薄膜	m³	0.86	0.14	0.12	0.14	0.12	0.14	0.12
	305010101	水	m³	4.10	1.21	4.96	1.24	5.08	1.21	4.96
		泵管摊销费	元					0.24		
机械	13072	滚筒式混凝土搅拌机(电动)400L	台班	97.14	0.067	6.51				
	15004	混凝土震动器(插入式)	台班	12.00	0.134	1.61	0.134	1.61	0.134	1.61
	06016	灰浆拌和机 200L	台班	65.18	0.008	0.52	0.008	0.52	0.008	0.52
	13082	混凝土输送泵车 60m³/h	台班	1383.24			0.014	19.37		
措施	13131	卷场机带塔 1t(H=40m)	台班	116.48	(0.067	(7.80)			(0.067)	(7.80)

工作内容：同前。

（计量单位：10m²）

定额编号					1—577		1—578		1—579		1—580	
项目			单位	单价	有腰单扇玻璃窗							
					框制作		框安装		扇制作		扇安装	
					数量	合计	数量	合计	数量	合计	数量	合计
综合单价			元		816.31		81.98		409.29		480.28	
其中	人工费		元		104.34		44.84		53.28		110.56	
	材料费		元		627.68		12.48		30.848		308.91	
	机械费		元		17.36		—		11.76		—	
	管理费		元		52.33		19.28		27.97		47.54	
	利润		元		14.60		5.38		7.80		13.27	
综合人工			工日	37.00	2.82	104.34	1.212	44.84	1.44	53.28	2.988	110.56
材料	402010801	普通成材	m³	1599.00	0.351	561.25			0.191	305.41		
	402060601	木砖与拉条	m³	1249.00	0.042	52.46	0.005	6.25				
	206010102	平板玻璃 3mm	m²	20.20							60.4	122.01
	508091502	铁钉	kg	4.10	0.29	1.19	1.52	6.23			0.03	0.12
	609061701	乳胶	kg	5.51	0.22	1.21			0.36	1.98		
	609061801	玻璃密封胶	kg	20.14							1.10	22.15
	611010101	防腐油	kg	1.71	6.35	10.86						
	603020602	清油 C01—1	kg	10.64	0.06	0.64			0.09	0.96		
	603050201	油漆溶济油	kg	3.33	0.02	0.07			0.04	0.13		
	附 4—1	单层窗五金配件	10m²	164.63							1.00	164.63
机械		木工机械费	元			17.36				11.76		
措施	13131	卷场机带塔 1t(H=40m)	台班	116.48			(0.016)	(2.10)			(0.027)	(3.14)

注：窗框料含量是以 55mm×10mm 确定的，若装纱窗扇，则框料断面为 55mm×120mm，双截口，相应增加：人工 0.348 工日，普通成材 0.071m³。

7. 半玻木门

工作内容：制作安装门框、门扇及亮子，刷防腐油，装配亮子玻璃及五金零件

（计量单位：$10m^2$）

定额编号					1－601		1－602		1－603		1－604	
项目			单位	单价	半截玻璃窗门（无腰单扇）							
					门框制作		门扇制作		门框安装		门扇安装	
					数量	合计	数量	合计	数量	合计	数量	合计
综合单价			元		388.59		623.55		46.88		267.24	
其中	人工费		元		37.74		76.81		22.20		70.60	
	材料费		元		321.58		483.29		12.47		157.81	
	机械费		元		5.49		13.68		—		—	
	管理费		元		18.59		38.91		9.55		30.36	
	利润		元		5.19		10.86		2.66		8.47	
综合人工			工日	37.00	1.02	37.74	2.076	76.81	0.60	22.20	1.908	70.60
材料	402010801	普通成材	m^3	1599.00	0.166	265.43	0.299	478.10				
	206010102	平板玻璃 3mm	m^2	20.20							3.53	71.31
	402060601	木砖与拉条	m^2	1249.00	0.04	49.96			0.007	8.74		
	609061801	玻璃密封胶	kg	20.14							0.59	11.88
	508091502	铁钉	kg	4.10	0.12	0.49			0.91	3.73	0.02	0.08
	609061701	乳胶	kg	5.51	0.06	0.33	0.65	3.58				
	611010101	防腐油	kg	1.71	2.77	4.74						
	603020602	清油 C01－1	kg	10.64	0.05	0.53	0.13	1.38				
	603050201	油漆溶济油	kg	3.33	0.03	0.10	0.07	0.23				
	附 4－12	无腰门五金配件	10m	74.54							1.00	74.54
机械		木工机械费	元			5.49		13.68				
措施	13131	卷场机带塔 1t(H=40m)	台班	116.48					(0.013)	(1.51)	(0.018)	(2.10)

注：1. 门框制作为单裁口，断面以 $55cm^2$ 为准。如做双裁口，每 $10m^2$ 增加制作人工 0.19 工日；如设计断面不同时，制作成材可按比例调整。

2. 门扇边挺断面以 $50cm^2$ 为准（成材含量 $0.249m^3/10m^2$），门肚板厚度以 17mm 为准（成材含量 $0.05m^3/10m^3$）。如设计断面不同时，制作成材可按比例调整。

工作内容：(1) 清理基层、裁制、安装面板等全部操作过程。

(2) 截料、弹线、拼装木方格、钉铁钉。

（计量单位：10m²）

定额编号				1—677		1—678		1—679		1—680	
项目		单位	单价	薄板		钢板网		塑料扣板		木方格吊天棚 现浇板下面	
				数量	合计	数量	合计	数量	合计	数量	合计
综合单价			元	263.86		222.60		549.46		5537.56	
其中	人工费		元	58.61		65.71		87.47		107.00	
	材料费		元	173.02		120.74		392.97		317.60	
	机械费		元	—		—		13.49		34.97	
	管理费		元	25.20		28.26		43.41		61.05	
	利润		元	7.03		7.89		12.12		17.04	
综合人工		工日	37.00	1.584	58.61	1.776	65.71	2.364	87.47	2.892	107.00
材料 402060201	板条 1000×30×8mm	百根	55.00			0.63	34.6				
402010801	普通成材	m³	1599.00	0.107			0.085	135.92	0.196	313.40	
508091502	铁钉	kg	4.10	0.47	1.93	0.13	0.53	0.32	1.31	0.55	2.26
501110102	钢板网 9×25 孔	m²	8.00			10.50	84.00				
602041001	聚醋酸乙烯乳液	kg	5.23							0.35	1.94
605011601	塑料扣板	m²	18.90					10.80	204.12		
508060800	扣钉	kg	5.04			0.31	1.56				
508080300	自攻螺丝(钉)	百只	3.80					2.07	7.87		
605011701	塑料扣板阴角线 30×30mm	m	2.99					14.60	43.65		
611010101	防腐油	kg	1.71					0.06	0.10		
机械 07012	木工圆锯机 Φ500	台班	24.28					0.12	2.91	0.12	2.91
15011	木工压刨机 300mm	台班	30.55							0.34	10.39
07024	木工裁口机多面宽度 400mm	台班	37036							0.58	21.67
13091	电锤 520W	台班	8.14					1.30	10.58		
措施	3.6m 内脚手材料费	元			(6.00)		(6.00)		(6.00)		(6.00)
13131	卷扬机带塔 1t(H=40m)	台班	116.48	(0.012)	(1.40)	(0.009)	(1.05)	(0.022)	(2.56)	(0.02)	(2.33)

注：1. 塑料扣板龙骨已包括在内，设计钢筋吊筋按设计个数套用天棚吊筋子目。

2. 木方格吊顶天棚设计有金属吊杆时，钢筋吊杆按天棚吊筋子目执行。吊筋个数按设计用量。设计吊杆为本、不锈钢管，按设计长度另行计算。

3. 方格龙骨断面按 35×45 考虑，方格尺寸 200×200 计算，设计断面与定额不符，按比例调整。

8. 胶合板门

工作内容：同前。

（计量单位：10m²）

定额编号					1－633		1－634		1－635		1－636	
项目			单位	单价	胶合板门(无腰单扇)							
					门框制作		门扇制作		门框安装		门扇安装	
					数量	合计	数量	合计	数量	合计	数量	合计
综合单价			元		376.97		952.72		47.46		210.67	
其中	人工费		元		35.96		132.31		23.09		71.93	
	材料费		元		312.05		699.21		11.67		99.18	
	机械费		元		5.92		31.24		—			
	管理费		元		18.01		70.33		9.93		30.93	
	利润		元		5.03		19.63		2.77		8.63	
综合人工			工日	37.00	0.972	35.96	3.576	132.31	0.624	23.09	1.944	71.93
材料	402010801	普通成材	m³	1599.00	0.162	259.04	0.186	297.41				
	206010102	平板玻璃 3mm	m²	20.20							1.04	21.01
	402060601	木砖与拉条	m³	1249.00	0.037	46.21			0.006	7.49		
	403010102	胶合板三夹 910×2130	m²	10.45			(19.57)	(204.51)				
	606061801	玻璃密封胶	kg	20.14							0.18	3.63
	508091502	铁钉	kg	4.10	0.14	0.57	0.50	2.05	1.02	4.18		
	403010101	胶合板三夹 1220×2440	m²	13.77			30.07	414.06				
	6093061701	乳胶	kg	5.51	0.06	0.33	1.19	6.56				
	403010103	胶合板(边角斜残值回收)	m²	1.90			－11.83	－22.48				
	611010101	防腐油	kg	1.71	3.08	5.27						
	603020602	清油 C01－1	kg	10.64	0.05	0.53	0.13	1.38				
	603050201	油漆溶剂油	kg	3.33	0.03	0.10	0.07	0.23				
	附 4－12	无腰门五金配件	10m²	74.54							1.00	74.54
机械		木工机械费	元			5.92		31.24				
措施	13131	卷扬机带塔 1t(H＝40m)	台班	116.48					(0.013)	(1.51)	(0.018)	(2.10)

注：1. 门框制作为单裁口，断面以 55cm² 为准。如做双裁口，每 10m² 增加制作人工 0.19 工日；门框立挺断面以 55cm² 为准，门扇边挺断面以 22.8cm² 为准(不包括门扇四周包边条)。如设计断面不同时，制作成材可按比例调整。

2. 胶合板门门窗上如做通风百页口时，按每 10m² 洞口面积增加人工 0.94 工日，普通成材 0.027m³。

工作内容：(1) 拌和、平铺、找平、夯实。

(2) 砼搅拌、水平运输、捣固、养护。

(3) 砼水平运输、捣固、养护。

(计量单位：m²)

定额编号				1—750		1—751		1—752		1—753	
项目		单位	单价	碎石干铺		道碴干铺		不分格			
								自拌砼		商品砼非泵送	
				数量	合计	数量	合计	数量	合计	数量	合计
综合单价			元	105.53		113.39		278.76		281.05	
其中	人工费		元	24.86		36.85		60.38		33.30	
	材料费		元	64.01		53.28		170.04		226.05	
	机械费		元	1.93		1.93		9.76		2.18	
	管理费		元	11.52		16.68		30.16		15.26	
	利润		元	3.21		4.65		8.42		4.26	
综合人工		工日	37.00	0.672	24.86	0.996	36.85	1.632	60.38	0.90	33.30
材料 102010304	碎石 5—40mm	t	36.50	1.65	60.23						
103020101	道碴 40—80mm	t	30.00			1.65	49.50				
301009	C15 砼 200mm	32.5	m³	165.63					1.01	167.29	
303010202	C15 非泵送商品砼	m³	220.00							1.015	223.30
102010301	碎石 5—16mm	t	31.50	0.12	3.78	0.12	3.78				
305010101	水	m³	4.10					0.67	2.75	0.67	2.75
机械 01068	夯实机(电动)夯击能力 20—62Nm	台班	24.16	0.08	1.93	0.08	1.93				
13072	滚筒式混凝土搅拌机(电动)400L	台班	97.14					0.078	7.58		
15003	混凝土震动器(平板式)	台班	14.00					0.156	2.18	0.156	2.18

注：1. 设计碎石干铺需灌砂浆时别增人工 0.25 工日，砂浆 0.32m²，水 0.3m²，灰浆拌和机 200L 0.064 台班，同时扣除定额中碎石 5mm～16mm 0.12t，碎石 5mm～40mm 0.04t。

2. 在原土上需打底夯者应另按土方工程中的打底夯定额执行。

工作内容：同前。

（计量单位：表中所示）

定额编号					1—778		1—779		1—780		1—781	
项目			单位	单价	花岗岩							
					水泥砂浆							
					楼地面		楼梯		台阶		脚线	
					10m²						10m	
					数量	合计	数量	合计	数量	合计	数量	合计
综合单价			元		2931.35		3229.94		3022.12		448.45	
其中	人工费		元		187.38		320.12		234.43		33.74	
	材料费		元		2623.43		2703.19		2626.19		393.83	
	机械费		元		11.29		19.72		19.72		1.50	
	管理费		元		85.42		146.13		109.28		15.15	
	利润		元		23.84		40.78		30.50		4.23	
综合人工			工日	37.00	5.054	187.37	8.652	320.12	6.336	234.43	0.912	33.74
材料	10600000	花岗岩(综合)	m²	250.00	10.20	2550.00	10.50	2625.00	10.20	2550.00	1.53	382.50
	302011	水泥砂浆 1∶1	m²	267.49	0.081	21.67	0.081	21.67	0.081	21.67	0.012	3.21
	302015	水泥砂浆 1∶3	m³	182.43	0.202	36.85	0.202	36.85	0.202	36.85	0.03	5.47
	302053	潜水泥浆	m³	457.23	0.01	4.57	0.01	4.57	0.01	4.57		
	302055	801 胶浆水泥浆	m²	495.03							0.002	0.99
	301030102	白水泥 80	kg	0.52	1.00	0.52	1.00	0.52	1.00	0.52	0.40	0.21
	608014302	棉纱头	kg	5.30	0.10	0.53	0.10	0.53	0.10	0.53	0.15	0.08
	405010101	锯(木)屑	m²	10.45	0.05	0.63	0.06	0.63	0.05	0.63	0.009	0.09
	508200301	合金钢切割锯片	片	61.75	0.042	2.59	0.119	7.35	0.119	7.35	0.006	0.37
	305010101	水	m²	4.10	0.26	1.07	0.26	1.07	0.26	1.07	0.04	0.16
		其他材料费	元			5.00		5.00		5.00		0.75
机械	06016	灰浆拌和机 200L	台班	65.18	0.10	5.52	0.10	6.52	0.10	6.52	0.014	0.91
	13090	石料切割机	台班	14.04	0.34	4.77	0.94	13.20	0.94	13.20	0.042	0.59
措施	13131	卷场机带塔 1t(H=40m)	台班	116.48	(0.102)	(11.88)	(0.102)	(11.88)			(0.012)	(1.40)

注：同前。

9. **斩假石**

工作内容：(1) 清理、修补、湿润墙面、堵墙眼、调运砂浆、清扫落地灰。

(2) 调运砂浆、分层抹灰、剁斧、压实、养护。

(3) 墙柱面嵌木格，分格起线。

（计量单位：$10m^2$）

定额编号					1—877		1—878		1—879	
项目			单位	单价	斩假石					
					砖、砼墙面		柱、梁面		零星项目	
					数量	合计	数量	合计	数量	合计
综合单价			元		616.64		835.03		1587.31	
其中	人工费		元		352.98		493.73		982.13	
	材料费		元		64.06		64.50		59.76	
	机械费		元		3.52		3.39		3.39	
	管理费		元		153.30		213.76		423.77	
	利润		元		42.78		59.65		118.26	
综合人工			工日	37.00	9.54	352.98	13.344	493.73	26.544	982.13
材料	302015	水泥砂浆 1∶3	m^3	182.43	0.129	23.53	0.126	22.99	0.123	22.44
	302046	水泥白石屑浆 1∶2	m^3	334.13	0.102	34.08	0.102	34.08	0.102	34.08
	402010801	普通成材	m^2	1599.00	0.002	3.20	0.002	3.20		
	302055	801 胶素水泥浆	m^2	495.03	0.006	2.97	0.008	3.96	0.006	2.97
	305010101	水	m^2	4.10	0.068	0.28	0.065	0.27	0.067	0.27
机械	06016	灰浆拌和机 200L	台班	65.18	0.054	3.52	0.052	3.39	0.052	3.39
措施		3.6m 内脚手材料费	元					(6.00)		
	13131	卷场机带塔 1t(H=40m)	台班	116.48	(0.08)	(9.32)	(0.078)	(90.9)	(0.078)	(9.09)

注：1. 圆柱面剁假石，按柱梁面定额 $10m^2$ 增加人工 0.64 工日。

2. 斩假石墙面以分格为准，如不分格者，人工乘以系数 0.75，并取消普通成材用量。

10. 柱

工作内容：同前。

（计量单位：10m²）

定额编号				1－965		1－966		1－967		1－968	
项目		单位	单价	矩形柱				四、多边形柱		预留部分浇捣	
				组合钢模板		复合木模板		木模板			
				数量	合计	数量	合计	数量	合计	数量	合计
综合单价		元		487.82		365.63		647.06		979.20	
其中	人工费	元		178.93		142.97		217.12		391.46	
	材料费	元		104.69		88.86		263.74		293.95	
	机械费	元		68.25		35.59		30.18		50.64	
	管理费	元		106.29		76.78		106.34		190.10	
	利润	元		29.66		21.43		29.68		53.05	
综合人工		工日	37.00	4.836	178.93	3.864	142.97	5.868	217.12	10.58	391.46
材料 510010101	组合钢模板	kg	4.35	6.73	29.28						
403013606	复合木模板 18mm	m²	24.00			2.20	52.80				
402010901	周转成材	m³	1065.00	0.031	33.02			0.218	232.17	0.229	243.89
510010202	零星卡具	kg	4.20	3.55	14.91	1.77	7.43				
508091502	铁钉	kg	4.10	0.32	1.31	0.97	3.98	2.25	9.23	4.77	19.56
510030201	钢支撑(钢管)	kg	4.10	0.32	1.31	0.97	3.98	2.25	9.23	4.77	19.56
508130201	镀锌铁丝 8#	kg	4.20					3.00	12.60	5.22	21.92
508130204	镀锌铁丝 22#	kg	4.60	0.03	0.14	0.03	0.14	0.03	0.14		
	回库修理、保养费	元			3.04		1.52				
	其他材料费	元			9.60		9.60		9.60		8.58
机械 07012	木工圆锯机 Φ500mm	台班	24.28	0.024	0.58	0.07	1.70	0.308	7.48	0.322	7.82
04004	载重汽车 4t	台班	311.37	0.064	19.93	0.032	9.96	0.037	11.52	0.053	16.50
03017	汽车式起重机 5t	台班	468.27	0.044	20.60	0.022	10.30				
13131	卷扬机带塔 1t(H=40m)	台班	116.48	0.233	27.14	0.117	13.63	0.096	11.18	0.226	26.32

注：有收势圆柱（即上小下大）模板：人工、铁钉乘以系数 1.75，周转木材乘以系数 1.2，木工圆锯机 Φ500mm 乘以系数 1.2。

二、苗木起挖

1. 起挖乔木

工作内容：起挖、包扎、出塘、搬运集中、回土填塘、清理场地。

（计量单位：10 株）

定额编号					3－1		3－2		3－3		3－4	
项目			单位	单价	起挖乔木（带土球）							
					土球直径在（cm 内）							
					20		30		40		50	
					数量	合计	数量	合计	数量	合计	数量	合计
综合单价			元		10.64		25.23		44.72		96.88	
其中	人工费		元		5.18		14.80		28.12		64.75	
	材料费		元		3.80		5.70		7.60		11.40	
	机械费		元		—		—		—		—	
	管理费		元		0.93		2.66		5.06		11.66	
	利润		元		0.73		2.07		3.94		9.07	
综合人工			工日	37.00	0.14	5.18	0.40	14.80	0.76	28.12	1.75	64.75
材料	608011501	草绳	kg	0.38	10.00	3.80	15.00	5.70	20.00	7.60	30.00	11.40

工作内容：同前。

（计量单位：10 株）

定额编号					3－5		3－6		3－7		3－8	
项目			单位	单价	起挖乔木（带土球）							
					土球直径在（cm 内）							
					60		70		80		100	
					数量	合计	数量	合计	数量	合计	数量	合计
综合单价			元		176.37		263.20		373.37		691.70	
其中	人工费		元		122.10		185.00		262.70		432.90	
	材料费		元		15.20		19.00		26.60		38.00	
	机械费		元		—		—		—		—	
	管理费		元		21.98		33.30		47.29		77.92	
	利润		元		17.09		25.90		36.78		60.61	
综合人工			工日	37.00	3.30	122.10	5.00	185.00	7.10	262.70	11.70	432.90
材料	608011501	草绳	kg	0.38	40.00	15.20	50.00	19.00	70.00	26.60	100.00	38.00
机械	03018	汽车式起重机 8t	台班	658.19							0.125	82.27

工作内容：修剪、病虫害防治、施肥、灌溉、中耕除草、树穴切边、保洁、清除枯枝、死树处理、环境清理。

（计量单位：10 株）

定额编号					3-372		3-373		3-374		3-375	
项目			单位	单价	球类植物							
					蓬径（cm 以内）							
					100		150		200		200 以上	
					数量	合计	数量	合计	数量	合计	数量	合计
综合单价			元		34.37		48.70		63.01		81.56	
其中	人工费		元		10.18		14.10		17.13		22.42	
	材料费		元		10.80		15.06		19.36		23.98	
	机械费		元		10.13		15.03		21.04		27.98	
	管理费		元		1.83		2.54		3.08		4.04	
	利润		元		1.43		1.97		2.40		3.14	
综合人工			工日	37.00	0.275	10.18	0.381	14.10	0.463	17.13	00606	22.42
材料	807012901	肥料	kg	2.00	3.15	6.30	4.50	9.00	5.85	11.70	6.75	13.5
	807013001	药剂	kg	26.00	0.08	2.08	0.11	2.86	0.14	3.64	0.19	4.94
	305010101	水	m^3	4.10	0.59	2.42	0.78	3.20	0.98	4.02	1.35	5.54
机械	04035	洒水汽车 8000L	台班	471.53	0.0189	8.91	0.0252	11.88	0.0317	14.95	0.0434	20.46
	04005	载重汽车 5t	台班	358.08	0.0034	1.22	0.0088	3.15	0.017	6.09	0.021	7.52

工作内容：修剪、整形、病虫害防止治、施肥、灌溉、除草、切边、保洁、清除枯枝、死树处理、环境清理。

（计量单位：10m）

定额编号					3-376		3-377		3-378		3-379	
项目			单位	单价	单排绿篱							
					高度（cm 以内）							
					50		100		150		200	
					数量	合计	数量	合计	数量	合计	数量	合计
综合单价			元		19.78		24.30		30.58		38.05	
其中	人工费		元		7.22		8.44		10.32		12.47	
	材料费		元		7.38		9.78		12.82		16.51	
	机械费		元		2.87		3.38		4.14		5.08	
	管理费		元		1.30		1.52		1.86		2.24	
	利润		元		1.01		1.18		1.44		1.75	
综合人工			工日	37.00	0.195	7.22	0.228	8.44	0.279	10.32	0.337	12.47
材料	807012901	肥料	kg	2.00	1.95	3.90	2.70	5.40	3.75	7.50	4.95	9.90
	807013001	药剂	kg	26.00	0.11	2.86	0.14	3.64	0.17	4.42	0.21	5.46
	305010101	水	m^2	4.10	0.15	0.62	0.18	0.74	0.22	0.90	0.28	1.15
机械	04035	洒水汽车 8000L	台班	471.53	0.0054	2.55	0.0065	3.06	0.0081	3.82	0.0101	4.76
	04005	载重汽车 5t	台班	358.08	0.0009	0.32	0.0009	0.32	0.0009	0.32	0.0009	0.32

工作内容：同前。

（计量单位：10m²）

定额编号					3—512		3—513		3—514		3—515	
项目			单位	单价	十字海棠式卵石面		冰纹六角式卵石面		高强度透水型砼路面砖 200×100×60		文化石平铺	
					数量	合计	数量	合计	数量	合计	数量	合计
综合单价				元	1842.87		1587.52		522.09		685.71	
其中	人工费			元	943.50		880.60		69.93		182.04	
	材料费			元	383.00		329.34		418.58		426.32	
	机械费			元	214.45		95.79		11.20		19.09	
	管理费			元	169.83		158.51		12.59		32.77	
	利润			元	132.09		123.28		9.79		25.49	
综合人工			工日	37.00	25.50	943.50	23.80	880.60	1.89	69.93	4.92	182.04
材料	104010401	本色卵石	t	170.00	0.76	129.20	0.76	129.20				
	302050504	高强度透水型砼路面转	m²	39.00					10.25	399.75		
	108010201	文化石	m²	35.00							10.20	357.00
	102020102	彩色卵石	t	151.00	0.33	49.83	0.33	49.83				
	302016	干硬性水泥砂浆	m³	167.12					(0.303)	(50.64)	0.303	50.64
	204060901	底瓦 19×20cm	百块	32.00	1.38	44.15						
	301010102	水泥 32.5 级	kg	0.30							46.00	13.80
	201040103	望砖 21×10×1.7cm	百块	34.00	0.92	31.28	1.50	51.00				
	101020201	中砂	t	36.50					0.39	14.24		
	302014	水泥砂浆 1:2:5	m³	207.03	0.36	74.53	0.36	74.53				
	508200301	合金钢切割锯片	片	61.75	0.801	49.46	0.337	20.81	0.042	2.59	0.042	2.59
	305010101	水	m³	4.10	0.62	2.54	0.53	2.17			0.07	0.29
		其他材料费	元			2.00		1.80		2.00		2.00
机械	15024	石料切割机	台班	64.00	3.204	205.06	1.35	86.40	0.175	11.20	0.175	11.20
	06016	灰浆拌和机 200L	台班	65.18	0.144	9.39	0.144	9.39	(0.121)	(7.89)	0.121	7.89

注：1. 园路及花街铺地未包括筑边，筑边另按延长计算。

2. 卵石粒径以 4cm～6cm 计算，如规格不同时，可进行换算，其他不变。

3. 高强度透水型砼路面砖如用砂浆铺人工乘以系数 1.3m，增加砂浆及拌和机台班，扣中砂数量。

工作内容：同前。

（计量单位：10m）

定额编号					3－548		3－549		3－550		3－551	
项目			单位	单价	塑黄竹(直径在 cm 以内)				塑金丝竹(直径在 cm)以内			
					Φ10		Φ15		Φ10		Φ15	
					数量	合计	数量	合计	数量	合计	数量	合计
综合单价				元	621.02		924.54		3387.01		4191.01	
其中	人工费			元	311.91		410.70		2386.87		2857.51	
	材料费			元	207.54		378.27		234.58		414.86	
	机械费			元	1.75		4.24		1.76		4.24	
	管理费			元	56.14		73.99		429.64		514.35	
	利润			元	43.67		57.50		334.16		400.06	
综合人工			工日	37.00	8.43	311.91	11.10	410.70	64.51	2386.87	77.23	2857.51
材料	302011	水泥砂浆 1:1	m^2	267.49	0.067	17.92	0.162	43.33	0.067	17.92	0.162	43.33
	302054	白水泥浆	m^2	798.77	0.017	13.58	0.025	19.97	0.017	13.58	0.025	19.97
	301010102	水泥 32.5 级	kg	0.30	56.00	16.80	9.00	2.70	56.00	16.80	9.00	2.70
	301030102	白水泥 80	kg	0.52	6.00	3.12	10.00	5.20	6.00	3.12	10.00	5.20
	501030100	等边角钢(综合)	t	3750.00	0.039	146.25	0.078	292.50	0.039	146.25	0.078	292.50
	508130204	镀锌铁丝 13#－17#	kg	4.30	0.80	3.44	1.00	4.30				
	609010301	氧化铁红	kg	4.37	0.06	0.26	0.09	0.39				
	609011201	黄丹粉	kg	4.43	0.30	1.33	0.45	1.99	0.30	1.33	0.45	1.99
	609010701	氧化铬绿	kg	24.99					0.03	0.75	0.05	1.25
	508210201	金刚石 75×75×50mm	块	9.50					0.40	3.80	0.60	5.70
	609100601	草酸	kg	4.75					0.94	4.47	1.41	6.70
	603070302	硬白蜡	kg	3.33					0.31	1.03	0.48	1.60
	603050301	松节油	kg	3.80					0.94	3.57	1.41	5.36
	6080143202	棉纱头	kg	5.30					0.13	0.69	0.19	1.01
	508120601	锡箔	kg	83.30					0.02	1.67	0.03	2.50
机械	06016	灰浆拌和机 200L	台班	66.18	0.027	1.76	0.065	4.24	0.027	1.76	0.065	4.24

注：金丝竹、黄竹、松梅每条长度不足 1.5m 者，综合人工乘以系数 1.5，如骨料不同可换算。